Burgerbibliothek Bern (Hrsg.)

DAS HERBARIUM DES FELIX PLATTER

Haupt
NATUR

Burgerbibliothek Bern (Hrsg.)
Lea Dauwalder, Luc Lienhard

DAS HERBARIUM DES FELIX PLATTER

Die älteste wissenschaftliche Pflanzensammlung der Schweiz

Haupt Verlag

Die Realisierung dieses Buches wurde ermöglicht durch die Burgergemeinde Bern

Burgergemeinde
Bern

1. Auflage 2016
Bibliografische Informationen der Deutschen Nationalbibliothek
Die Deutsche Nationalbibliothek verzeichnet diese Publikation in der Deutschen Nationalbibliografie; detaillierte bibliografische Angaben sind im Internet über http.dnb.dnb.de abrufbar.

ISBN 978-3-258-07980-6

Umschlagsgestaltung und Layout: Doris Wiese, D-Hausen a. d. Möhlin
Umschlagsbild: Collage aus Herbarseiten von Felix Platters Herbarium, Burgerbibliothek Bern
Korrektorat: Uta Koßmagk, D-Wiesbaden

Printed in Germany

www.haupt.ch

FSC www.fsc.org
MIX
Papier aus verantwortungsvollen Quellen
FSC® C004592

INHALT

Vorwort der Burgerbibliothek

Das Sammeln steht am Anfang der modernen Naturgeschichte. Es ist nicht ein bloßes Einsammeln, sondern ein Versammeln mit dem Ziel, die gesammelten Objekte zu dokumentieren und zu vergleichen. Pflanzen sind besonders anspruchsvolle Sammelobjekte: Sie können sich im Laufe ihres Lebenszyklus äußerlich stark verändern. Um sie miteinander zu vergleichen, müssen die unterschiedlichsten vegetativen Stadien festgehalten werden. Möglich wird das durch die Anlage eines Herbariums: Die Pflanze wird gepresst, getrocknet, dauerhaft auf Papier fixiert und systematisch eingeordnet. Bis ins 18. Jahrhundert wurde meist zur Aufbewahrung die Buchform – das Buch als Wissensmedium der Frühen Neuzeit par excellence – gewählt. Nicht zufällig entstanden die ersten systematischen Sammlungen getrockneter Pflanzen im 16. Jahrhundert im universitären Umfeld, wo sie wie bei Felix Platter der Lehre und Forschung dienten. Herbarien waren aber ebenso begehrte Objekte in Kunst- und Wunderkammern, enthielten diese doch Naturobjekte, in denen nach zeitgenössischer Vorstellung die Gesetze der Schöpfung eingeschrieben waren. In den Kunst- und Wunderkammern wurde versucht, das gesamte Wissen der Menschheit über den Mikro- und Makrokosmos in ein überschaubares Beziehungssystem zu übertragen und auf diese Weise eine Ordnung der Dinge herzustellen. Die Welt der Pflanzen wurde fassbar über den Hortus siccus, den getrockneten Garten, wie man die Herbarien in der Frühen Neuzeit auch bezeichnete.

Das systematische Sammeln, das Bewahren und Zurverfügungstellen von Wissen ist auch die Aufgabe von Bibliotheken und Archiven wie der Burgerbibliothek Bern. Dass sich die erhaltenen neun Bände von Felix Platters Herbarium heute in der Burgerbibliothek Bern befinden, ist reiner Zufall, aber in Hinblick auf den Entstehungskontext historischer Herbarien doch stimmig: Die Anfänge der Burgerbibliothek Bern gehen auf die Reformation zurück, als man im aufgelösten Berner Franziskanerkloster eine theologische Hochschule mit Bibliothek zur Ausbildung des reformierten Pfarrnachwuches einrichtete. Daraus entwickelte sich die Universität Bern, die den Standort des Franziskanerklosters erst 1903 verließ. Im ehemaligen Kloster- und Bibliotheksgarten befand sich im 19. Jahrhundert zeitweise der botanische Garten der Universität. Gleichzeitig diente die damalige Bibliothek nicht nur der Hochschule, ihr angegliedert war auch die Kunstkammer der bernischen Obrigkeit. Platters Herbarium ergänzt heute die Bestände der Burgerbibliothek Bern, die sich nach wie vor am alten Universitätsstandort befindet, vortrefflich: Diese verwahrt unter anderem auch den Nachlass des Berner Stadtarztes Fabricius Hildanus (1560–1634), einem Freund und wichtigen Korrespondenzpartner Platters, und den Nachlass des Theologen und Naturforschers Samuel Wyttenbach (1748–1830), in dessen Besitz Platters Herbariumbände im 19. Jahrhundert gelangt waren. Weitere Nachlässe und Sammlungen der Burgerbibliothek Bern enthalten ebenfalls Archivalien zu botanischen Themen mit Bezug zu Felix Platter.

Felix Platters Herbariumbände kamen jedoch erst in den 1980-Jahren in das historische Archiv- und Bibliotheksgebäude in der Münstergasse. Die Bände lagerten viele Jahrzehnte vergessen im Dachstock des heutigen Instituts für Pflanzenwissenschaften der Universität Bern, bis sie 1930 wiederentdeckt wurden. Aus Gründen der Sicherheit wurden sie zunächst der damaligen Stadt- und Universitätsbibliothek, bald darauf der auf wertvolle Handschriften und Archivalien spezialisierten Burgerbibliothek Bern als Depositum übergeben. 2010 schenkte die Universität der Burgerbibliothek Bern die Bände mit der Auflage, sie bestmöglich zu erhalten und der Öffentlichkeit zugänglich zu machen. Die Burgerbibliothek Bern war sich ihrer großen Verantwortung bewusst, als sie die kostbaren Bände übernahm. Sofort initiierte sie in Zusammenarbeit mit universitären und internationalen Experten die nötigen konservatorischen Erhaltungsmaßnahmen, um die getrockneten Pflanzenteile unverändert und unbeschadet für die Zukunft zu sichern. Gleichzeitig veranlasste sie die Digitalisierung und wissenschaftliche Erschließung, die es heute ermöglichen, Pflanzen gezielt zu suchen und das Herbarium mit allen Informationen digital durchzublättern (http://www.burgerbib.ch/platter-herbarium), ohne die Originalbände mit den fragilen getrockneten Pflanzen bewegen zu müssen. Die Originalbände stehen für wissenschaftliche Studien, etwa für chemische oder molekularbiologische DNA-Untersuchungen, nach wie vor zur Verfügung. Denn Herbarien sind auch heute noch wichtige Nachweisinstrumente für die Bestimmung und Entwicklung von Pflanzen über längere Zeiträume hinweg. Ebenso lassen sich dank älterer Herbarien Veränderungen in Vorkommen und Verschiebung von Verbreitungsgebieten einzelner Pflanzenarten nachzeichnen.

Archive und Bibliotheken sind wie Herbarien Wissensspeicher, ihre Aufgabe ist es, dieses Wissen nicht nur zu bewahren, sondern es vor allem weiterzutragen und zu vermitteln. Die Burgerbibliothek Bern freut sich deshalb außerordentlich über die vorliegende Publikation, die es möglich macht, Felix Platters Pflanzensammlung nicht allein als wissenschaftliches Forschungsinstrument, sondern vor allem auch als kunstvolles Bilderbuch zu genießen.

Dr. Claudia Engler
Direktorin der Burgerbibliothek Bern

Burgerbibliothek Bern
Münstergasse 63
Postfach
3000 Bern 8
www.burgerbib.ch

Lesesaal der Burgerbibliothek Bern.

Das Leben von Felix Platter

Der Basler Stadtarzt Felix Platter (1536–1614) kann als einer der führenden Mediziner und Naturwissenschaftler der Schweiz im 16. Jahrhundert bezeichnet werden. Seine Lehrbücher waren wegbereitend für Anatomie, Rechtsmedizin, Augenkunde, Krankheitsdiagnose, Epidemieanalyse und die Beurteilung von Geisteskrankheiten. Mit viel Eifer und frischen Ideen war Felix Platter Professor und sechsmal Rektor der Universität Basel und unterrichtete neben den Studenten auch seine Familienmitglieder. Felix Platter erwarb während rund 60 Jahren Berufsleben ein großes Vermögen und schuf umfangreiche Sammlungen. Als leidenschaftlicher Botaniker besaß er mehrere Gärten und pflegte ein Herbarium. Diese wissenschaftliche Pflanzensammlung ist die älteste der Schweiz und eine der ältesten weltweit. Neben getrockneten Pflanzen enthält sie auch spektakuläre Illustrationen.

HERKUNFT

Die Familie von Felix Platter stammt aus der Gemeinde Grächen im Wallis, und zwar vom Weiler «auf der Platten» oder «z Blattu», der auch den Familiennamen begründet. Eine Tafel weist dort noch heute auf die «Geburtsstätte von Thomas Platter» hin, sein Geburtshaus existiert aber nicht mehr.

Felix Platters Vater Thomas (1499–1582) hatte ein ungewöhnliches Leben geführt. Dieses ist gut dokumentiert, da er auf Drängen seines Sohnes Felix 1572 eine «Lebensbeschreibung» verfasste, die als eine der bedeutendsten Autobiografien des 16. Jahrhunderts gilt.

Als Hirtenjunge aus einfachsten Verhältnissen stammend, bildete sich Thomas mit viel Ehrgeiz autodidaktisch aus, konnte sich das Bürgerrecht in Basel erwerben und wurde schließlich ebenda Rektor eines Gymnasiums. Da ihm die Bedeutung der Bildung für seinen sozialen Aufstieg sehr bewusst war, setzte Vater Platter alles daran, auch seinen Kindern eine gute Ausbildung zu ermöglichen. Dies galt ganz besonders für seinen Sohn Felix, dem er ein Medizinstudium ermöglichen wollte.

Geboren nach eigenen Angaben 1499 in der Walliser Gemeinde Grächen, verlor Thomas Platter schon früh seinen Vater. Seine Mutter verheiratete sich nach dessen Tod erneut und verließ Grächen daraufhin ohne ihren Sohn aus erster Ehe. Dieser wuchs daher bei verschiedenen Verwandten als Verdingbub auf und musste als Viehhirt arbeiten. Als Neunjähriger kam er zu einem Priester, bei dem er Lesen und Schreiben hätte lernen sollen, jedoch mehr Prügel als Belehrung erhielt. So war er froh, als sich ihm im Alter von zwölf Jahren die Gelegenheit bot, einen Vetter mütterlicherseits als fahrenden Scholaren zu begleiten. Die jungen «Schützen» kamen aber kaum zum Studieren, wurden von den älteren «Bachanten» ausgenützt und zum Betteln und Stehlen abgerichtet. Sieben Jahre war er so unter übelsten Bedingungen quer durch Deutschland unterwegs, vom Elsass bis nach Sachsen und weiter nach Schlesien, Polen und Ungarn. Aufschlussreich

→

Felix Platter, Ölgemälde, 1584 von Hans Bock dem Älteren. Platter ist nach der damals aktuellen, spanischen Mode gekleidet, in der Hand hält er wohl sein Anatomie-Werk. Die Säulen im Hintergrund zeigen sein Interesse an der Antike, insbesondere an den Ausgrabungen in Augst. Seine besondere Freude an Botanik, insbesondere an exotischen Pflanzen, wird durch das Orangenbäumchen zu seiner Linken und durch einen Granatapfel, einem Zweig eines wohl neuweltlichen Nachtschattengewächses und einer Zitrone auf dem Tisch dokumentiert.

Geburtshaus von Thomas Platter, Zeichnung abgedruckt im Geschichtsbuch «Die gute alte Zeit» von 1904. Dargestellt ist der Weiler «auf der Platten», das bezeichnete Haus wurde aber 1674, also lange nach Thomas Platters Leben, erbaut und 1934 wieder abgerissen.

ist eine kleine Episode aus dieser Zeit: Die Kameraden erklärten dem gutgläubigen, oft hungernden Thomas, dass man auf Wanderschaft in Preußen und Schlesien Gänse jagen dürfe. Mit einem Steinwurf erlegte dieser daraufhin ein solches Tier und trug es davon. Im Dorf entdeckte man jedoch die aus seiner Jacke heraushängenden Gänsefüße. Er wurde daher von den Bauern als Dieb verfolgt, verlor seine Beute und konnte sich nur knapp vor seinen Verfolgern retten.

Nach einem ersten Schulbesuch in Sélestat im Elsass gelangte er nach Zürich, wo er Latein, Griechisch und Hebräisch lernte. Ab 1523 erhielt er in Zürich dank Oswald Myconius (1488–1552), einem Pfarrer und Schulmeister, an der Fraumünsterschule einen geregelten Unterricht. Schon bald konnte Thomas Platter damit beginnen, selber alte Sprachen zu unterrichten. Er begeisterte sich auch zunehmend für die Predigten von Huldrych Zwingli (1484–1531) und trat schließlich zur neuen reformierten Kirche über. Ganz im Sinne von Zwinglis Lehre entschied sich Platter, neben seinem Lehrerberuf noch ein Handwerk zu erlernen, und absolvierte daher eine Lehre bei einem Seilermeister, dem er auch in den Ersten Kappelerkrieg folgte. Im Herbst 1529, eben frisch verheiratet, ging Thomas Platter mit seiner Frau ins Wallis und wirkte dort als Lehrer in Visp. Obwohl ihm eine gut besoldete Stelle als «Lehrer der Landschaft Wallis» angeboten wurde, verließ er, vermutlich aus konfessionellen Gründen, seine Heimat nach kurzer Zeit wieder und zog zurück nach Basel. Er nahm in der Folge eine Stelle als Arztgehilfe beim bischöflichen Leibarzt, Doktor Johannes Epiphanius an und folgte diesem ins nahe Porrentruy. Seine Absicht, sich auch zum Arzt ausbilden zu lassen, scheiterte allerdings, da Epiphanius an der Pest starb und ihn nicht entsprechend fördern konnte.

1531 erlebte Platter hautnah den Zweiten Kappelerkrieg und wollte danach, wie sein Ziehvater Myconius, nicht mehr in Zürich bleiben, sondern folgte diesem nach Basel. Seine Kenntnisse in den Sprachen ermöglichten es ihm, in Basel als Hilfslehrer am Gymnasium und ab 1534 als Griechischlehrer am Pädagogium zu wirken. Daneben arbeitete Platter als Korrektor und Buchdrucker zuerst in der Druckergemeinschaft Winter-Oporin-Platter-Lasius, die 1536 die bekannte Druckerei von Andreas Cratander kaufte; später war Thomas Platter selbstständiger Buchdrucker und Verleger. Ab 1544 wirkte er schließlich als Schul- und Internatsleiter der Lateinschule (Gymnasium) «auf Burg» in Basel, die er umorganisierte und mit strenger Hand bis 1578 führte.

ZEITTAFEL

1536 28. Oktober, Felix Platter wird in Basel geboren. Er ist der Sohn von Thomas Platter von Grächen (Wallis) und von Anna Dietschi. Felix Platter will schon als Kind Arzt werden. Er verbringt seine Jugend in Basel.

1552–57 Medizinstudium in Montpellier, Frankreich. Neben Heilkunde belegt er auch andere naturwissenschaftliche Fächer, insbesondere Botanik, wo er die Technik des Herbarisierens lernt. Platter beginnt mit der Anlage seines Herbariums.

1557 Rückkehr nach Basel, Abschluss als Dr. med., Eröffnung einer ärztlichen Praxis. Heirat mit Magdalena Jeckelmann, Tochter des Wundarztes und Ratsherrn Franz Jeckelmann und von Chrischona Harscher. Die Ehe bleibt kinderlos.

1570 Felix Platter wird Dozent an der Universität.

1571 Felix Platter wird Professor der praktischen Medizin und Stadtarzt zu Basel. Platter wird insgesamt sechsmal Rektor der Universität.

1582 Tod des Vaters, Felix sorgt für dessen Kinder aus zweiter Ehe.

1583 Publikation von *De corporis humani structura et usu,* einem Werk zur menschlichen Anatomie. Es enthält u.a. neue Erkenntnisse zum menschlichen Auge.

1602–08 Publikation des dreibändigen klinischen Lehrbuches *Praxeos medicae opus*, das mehrfach neu aufgelegt wurde.

1610–11 Pestepidemie in Basel; Platter verfasst einen statistisch-analytischen Bericht dazu.

1614 Publikation der *Observationes*, Krankheitsbeobachtungen in drei Büchern.

1614 26. Juli, Felix Platter stirbt in Basel.

ca. 1750 Platters Sammlung, noch im Besitz der Familie, wird verkauft.

1790 Die Pflanzensammlung gelangt nach Zürich zu einem Antiquar.

1806 Die neun heute noch vorhandenen Bände gehen als Schuldbegleichung an den Antiquar Anton Ochs nach Bern.

1812 Der Berner Pfarrer und Naturforscher Jakob Samuel Wyttenbach kauft die Bände.

1863 Platters Herbarbände werden mit dem Herbarium von Wyttenbach im neu gebauten Botanischen Institut der Universität Bern deponiert.

1930 Der Botanik-Professor Walther Rytz entdeckt diese auf dem Instituts-Dachboden wieder und arbeitet deren Geschichte und Inhalt auf.

1933 Publikation der umfangreichen Erschließung von Platters Herbarium (RYTZ 1933).

1936 Faksimile-Ausgabe ausgewählter Weiditz-Zeichnungen aus dem Herbarium (RYTZ 1936).

1956 Ein Zweig des Basler Burgerspitals wird zum «Felix Platter-Spital» benannt, heute ist es das zweitgrößte Spital der Stadt.

1984 Wegen besserer Lagerbedingungen gelangen Platters Herbarbände als Depositum in die ehemalige Stadt- und Universitätsbibliothek Bern (StUB) und

1994 in die Burgerbibliothek Bern.

2010 Die Universität Bern, Institut für Pflanzenwissenschaften, schenkt die Herbariumbände der Burgerbibliothek Bern.

2011 Platters Bände werden vollständig fotografiert und digitalisiert.

2012 Die Digitalisate werden in einer Datenbank mit Metadaten versehen und botanisch erschlossen. Es erfolgt die Planung der Konservierung und Restaurierung der Bände.

2012 Zwei weitere Bände aus der Abbildungssammlung von Felix Platter werden in der Universitätsbibliothek Amsterdam entdeckt.

2014 Online-Publikation der digitalisierten Herbarbände durch die Burgerbibliothek Bern und Ausstellung im Botanischen Garten Bern zum 400. Todesjahr von Felix Platter.

Anna Dietschi (1495–1572), die Mutter von Felix Platter, stammte aus einer geachteten Bürgerfamilie aus Wipkingen (Zürich), verlor aber früh ihre Eltern und wurde Dienstmagd. Zuletzt war sie beim Lehrer und väterlichen Freund von Thomas Platter, Oswald Myconius, angestellt. Dieser riet Thomas, Anna zur Frau zu nehmen, was er 1529 auch tat. Zusammen hatten sie vier Kinder, drei Mädchen und den Sohn Felix als Jüngsten. Die Mädchen starben schon früh an der Pest; Margaretha I und Margaretha II bereits als Kinder im Alter von etwa zwei respektive sechs Jahren, während Ursula immerhin 17 Jahre alt wurde.

Nach dem Tod seiner ersten Frau 1572 heiratete Thomas im gleichen Jahr die junge **Esther (Hester) Gross** (ca. 1550–1612). Sie war die Tochter von Nicolaus Gross, genannt Megander, welcher Pfarrer im bernischen Lützelflüh war. Nach seinem Tod um 1557 lebte sie mit ihrer Mutter Maria, geborene Küeffer, einer Kleinbaslerin, wieder in Basel. Esther war um etwa 10 Jahre jünger als ihr Stiefsohn Felix. Obwohl Thomas Platter zum Zeitpunkt der Heirat mit Esther Gross schon betagt war, entsprangen der Ehe bis 1580 sechs Kinder. Unter ihnen kam 1574 auch der Sohn Thomas zur Welt, der als «Thomas Platter der Jüngere» bekannt wurde.

Thomas Platter dem Älteren gelang während seines Lebens ein gewaltiger beruflicher und gesellschaftlicher Aufstieg; vom einfachen Walliser Bauernjungen bis hin zum Bürger der Stadt Basel und respektierten Mitglied der Bärenzunft. Im Alter erwarb er mehrere Häuser in der Stadt sowie 1549 das Landgut «Mittleres Gundeldinger

Thomas Platter 1499–1582. Ölgemälde, 1581 von Hans Bock dem Älteren. Drei Jahre vor seinem eigenen Porträt ließ Felix Platter seinen Vater vom gleichen Künstler malen.

Huldrych (Ulrich) Zwingli, Ölgemälde, 1531 von Hans Asper. Der Zürcher Reformator begeisterte mit seinen Predigten auch Thomas Platter.

Schlösschen», welches ihn allerdings finanziell stark belastete. Das Mittlere Gundeldinger Schlösschen existiert auch heute noch: Es ist als «Thomas Platter-Haus» bekannt und kann besichtigt werden.

Thomas Platter starb 1582 in Basel. Erst 1718, also fast 150 Jahre später, erschien seine Autobiografie erstmals in gedruckter Form. Seitdem wurde sie vielfach neu aufgelegt und gelesen. Im 19. Jahrhundert wurde man auf Platters Lebensbeschreibung auch außerhalb des deutschsprachigen Raumes aufmerksam. Der englischen Übersetzung (1838) folgte eine französische (1862), russische (1896), amerikanische (1904) und schließlich 1988 eine italienische.

Gundeldinger Schlösschen, Zeichnung, 1747 von Emanuel Büchel. Das Mittlere Gundeldinger Schlösschen lag zu Thomas Platters Zeiten noch weit außerhalb der Stadt und diente ihm als Landsitz. Heute liegt es recht zentral an der Gundeldingerstraße 280. Während Vater Thomas dort noch Landwirtschaft betrieb, nutzte Felix das Gut zur Kultivierung seiner exotischen Pflanzen.

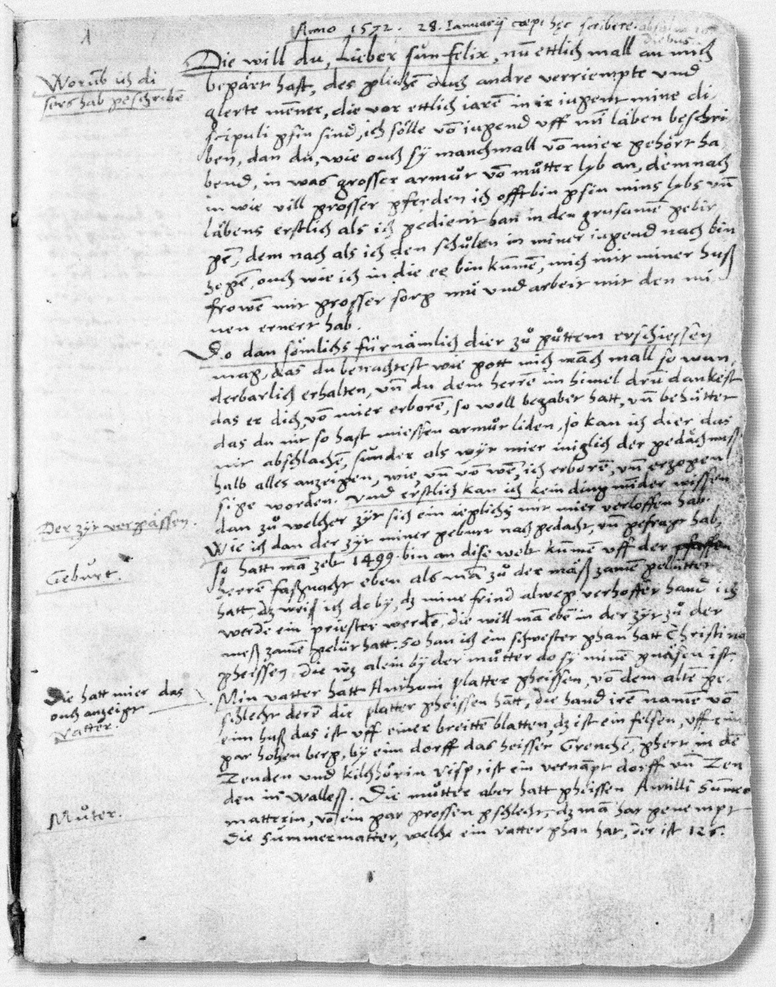

Manuskript der 1572 verfassten Autobiografie von Thomas Platter. Sie ist seinem ältesten Sohn Felix gewidmet.

FELIX PLATTER

Felix Platter wurde zur Zeit der Messe, wohl am 28. Oktober 1536, in Basel geboren. Oswald Myconius, der inzwischen oberster Pfarrherr am Basler Münster geworden war, riet den Eltern den Sohn auf den Namen Felix – der Glückliche – zu taufen. Felix Platters Geburtshaus war auch das Druckereihaus und lag an der Gasse zum schwarzem Pfahl (heute: Petersgasse, Haus Nr. 13). Die Familie blieb nicht lange an diesem Wohnort, bereits zwei Jahre nach Felix' Geburt zog sie in ein Haus an der Oberen Freiestraße bei der Barfüßerkirche.

Felix verbrachte eine glückliche Jugend in der damals noch kleinen Stadt Basel in ländlicher Umgebung. Er spielte viel mit seiner älteren Schwester Ursula in den Häusern, Gärten und auf dem Landsitz des Vaters. Neben der Schule war er an Musik interessiert und erhielt Unterricht im Lautenschlagen. Der Naturwissenschaft galt sein besonderes Interesse, er studierte beispielsweise bei Schweinemetzgern den Bau der Eingeweide und experimentierte mit gefangenen Vögeln. Er besuchte die höhere Schule, das Pädagogium in Basel, und immatrikuliert sich im Herbst 1551 an der Universität. Er studiert zunächst «literas», dann auch Medizin und besuchte die Vorlesungen beim Ordinarius und Stadtarzt Johannes Huber. Im Oktober 1552 reiste er 16-jährig und alleine zu Pferd ins südfranzösische Montpellier, um Arzt zu werden. Die dortige Universität war für ihre medizinische Ausbildung bekannt. Auch wenn ihre Glanzzeiten zu dieser Zeit schon vorbei waren, zog sie noch immer Studenten aus ganz Europa an.

Das Pferd, vier Kronen in Gold und drei Kronen in Münz für Reise und Studium erhielt Felix von seinem Vater, die Mutter steuerte ebenfalls eine Krone bei. Dieses Geld mussten sich die Eltern größtenteils borgen. Die strapazenreiche Reise führte Felix zuerst nach Genf, wo er auf Empfehlung des Vaters den Reformator Johannes Calvin (1509–1564) besuchte. Von dort ging es durch die Schluchten von Nantua nach Lyon und weiter das Rhonetal hinunter. Nach zahlreichen Abenteuern wie Hochwasser, zweifelhaften Nachtquartieren und unliebsamen Begleitern war Felix froh, endlich in Montpellier anzukommen. Sein dortiger Hauswirt, der Apotheker Laurent Catelan (um 1520–1600) gab später seinerseits seine Söhne bei Thomas Platter in die Kost. Catelan gehörte zu den Marranen, Nachfahren der aus Mauretanien stammenden vertriebenen Juden, welche zum römisch-katholischen Glauben konvertiert waren. Die Marranenkolonie in Montpellier war groß, viele hatten sich durch Fleiß in höhere Positionen emporarbeiten können. Felix

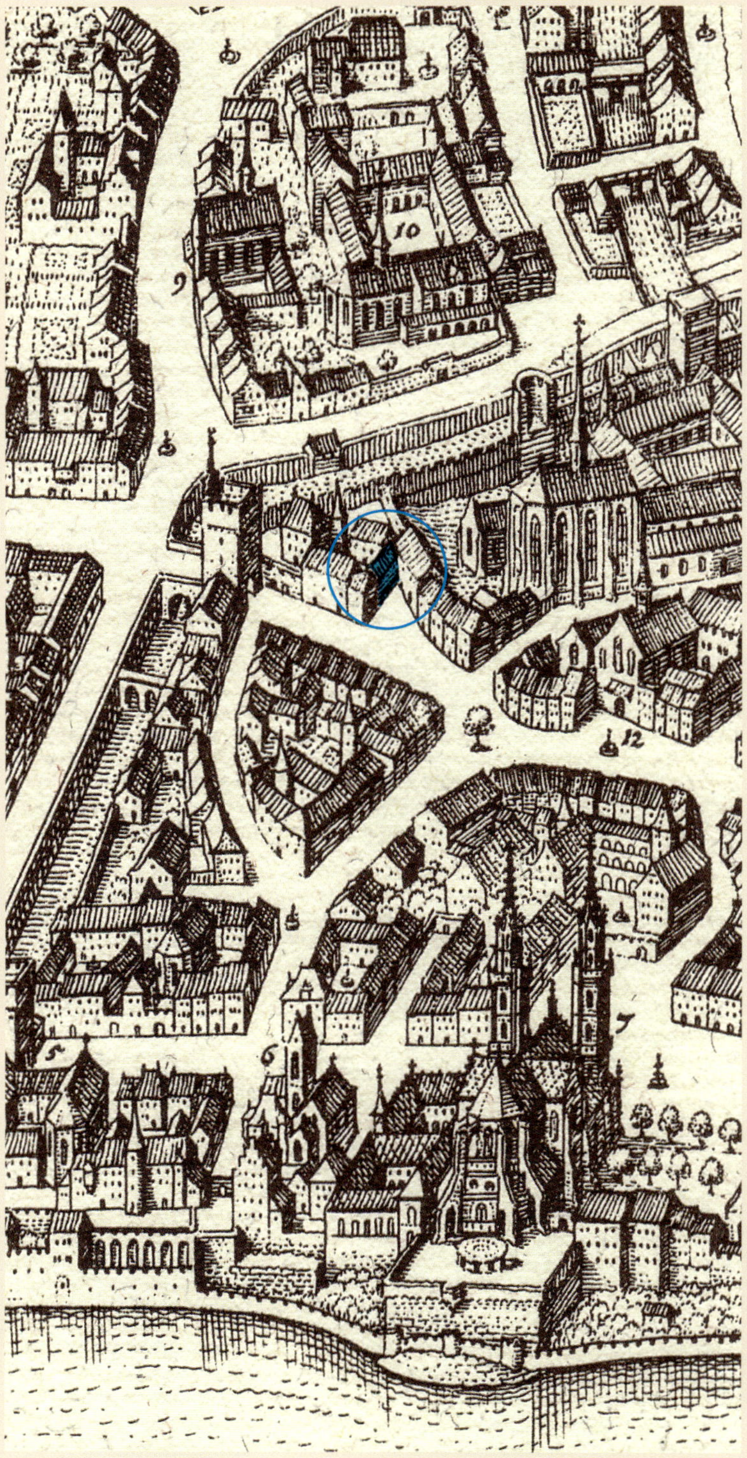

Nova et genuina descriptio inclytae urbis Basilea … *(Basel, Vogelschauplan; Ausschnitt). Kupferstich, 1615 von Matthäus Merian dem Älteren. Platters Elternhaus lag an der dreieckigen Erweiterung der Oberen Freiestraße.*

wurde in ihren Kreis eingeführt, hatte aber kaum Kontakt zu Mitgliedern alteingesessener Familien der Stadt. Einzig sein Lautenspiel war bekannt und wurde weithin bewundert. Die französischsprachigen Studenten nannten ihn «l'allemand du luth». Platters Freunde waren vorwiegend deutschsprachig, als Wissenschaftler sprach man lateinisch.

Die Mediziner Antoine de Saporta (†1573), ebenfalls Marrane, Honoré de Castellan (†1569) und Guillaume Rondelet (1507–1566) waren die für Platters Studium herausragenden Professoren. De Castellan war geschickter Praktiker und nahm Felix auf Krankenbesuche mit. Castellan wurde jedoch bald nach Paris als Leibarzt von Caterina de' Medici berufen, was Felix Platter als großen Verlust empfand. Rondelet zeichnete sich vor allem als Naturforscher aus, er war Spezialist für Fische und hatte zudem bei Luca Ghini (1490–1566) in Pisa die von diesem entwickelte Methode des Pflanzenpressens zum Anlegen einer wissenschaftlichen Sammlung, also das Herbarisieren gelernt. Diese neue Technik vermittelte er auch seinen Schülern. Zu ihnen gehörte Gherardo Cibo (1512–1600), von dem das älteste, heute noch erhaltene Herbarium (um 1530) stammt.

Anatomie und Chirurgie waren in Montpellier wichtige Ausbildungsrichtungen. Rondelet gelang es, König Heinrich II. davon zu überzeugen, ein *Theatrum Anatomicum* einzurichten. Felix Platter war von der Anatomie begeistert und beteiligte sich auch am heimlichen, streng verbotenen Sezieren von Leichen, welche die Studenten auf den Friedhöfen ausgegraben hatten.

MONSPESSULANUS/*Montpellier. Kolorierter Kupferstich, 1572. Publiziert in:* CIVITATES ORBIS TERRARUM. *Nürnberg 1572–1616. Felix Platter traf im Spätherbst 1552 in der südfranzösischen Universitätsstadt ein.*

Guillaume Rondelet. Ölgemälde, 1545, Künstler unbekannt. Rondelet war einer von Platters wichtigen Professoren in Montpellier, der auch die damals neue Methode des Pflanzenpressens lehrte.

Nach viereinhalb Jahren beendete Platter sein Studium in Montpellier mit dem Bakkalaureat unter dem Präsidium von de Saporta.

1557 kehrte Felix Platter nach Basel zurück und schloss mit nur 21 Jahren als Dr. med. mit einer aufwändigen Promotion an der Universität Basel seine akademischen Studien ab. Fortan arbeitete er als Arzt mit eigener Praxis. Noch im gleichen Jahr heiratete er **Magdalena Jeckelmann** (1534–1613), die Tochter des angesehenen Basler Wundarztes und Ratsherrn Franz Jeckelmann und dessen Frau Chrischona Harscher. Insbesondere Thomas Platter hatte ein großes Interesse an dieser Heirat, über die er sich schon 1551 mit Magdalenas Vater verständigt hatte. Die Verlobung wurde während Felix' Aufenthalt in Montpellier vereinbart. Felix Platter kannte Magdalena Jeckelmann seit seiner Schulzeit. Er fand Gefallen an der schönen und begehrten jungen Frau. Die Heirat fand nach Abschluss seiner Promotion statt.

1571 wurde er Professor der Medizin und Stadtarzt zu Basel. Er war begeisterter Wissenschaftler, veröffentlichte zahlreiche medizinische Werke und wurde sechsmal zum Rektor der Universität gewählt. Am 27. Juli 1614 starb Felix Platter 77-jährig in Basel. Er hinterließ ein reiches materielles Erbe in Form von Vermögen, Liegenschaften und einer riesigen Sammlung.

FELIX PLATTERS WIRKEN

Felix Platter hat beruflich alle von seinem Vater angestrebten Ziele übertroffen. Er war in der ganzen Region Basel ein beliebter und erfolgreicher Arzt. In seiner Funktion als **Professor** der praktischen Medizin hob er die Qualität des Studiums stark an – was sich insbesondere in steigenden Studentenzahlen zeigte.

Unter den Studierenden war auch sein berühmter Nachfolger, Caspar Bauhin (1560–1624), später Professor der Medizin und **Botanik** (als erster in der Schweiz). Platters Begeisterung für die Pflanzen hat also in diesem Bereich weitergewirkt.

Als Arzt und später **Stadtarzt von Basel** machte sich Platter während der verschiedenen Pestepidemien besonders verdient, auch wenn er als Amtsarzt, wohl aus Rücksicht auf das Gewerbe, auf die Einführung der aus

← ← (links)
Felix Platter. Miniatur der Basler Rektoratsmatrikel (1570). Porträt mit Familienwappen zur Wahl als Rektor.

← (rechts)
Caspar Bauhin. Miniatur der Basler Rektoratsmatrikel (1592). Bauhin war Platters Schüler, wurde beruflich sein Nachfolger und schuf den ersten universitären Botanischen Garten der Schweiz.

Italien bekannten und bewährten Quarantäne verzichtete. Mit seinem Pestbericht, in dem er die Basler Epidemie von 1610–11 statistisch genau erfasste, zeigte er sich als wegweisender **Epidemiologe**.

Bei seinen Untersuchungen des **Auges** erkannte Platter als Erster, dass die Netzhaut *(nervus retiformis)* und nicht die Linse *(humor crystalinus)* der bildaufnehmende Teil des Auges ist, was er 1583 in den *De corporis humani structura et usu* erstmals darlegte. Diese Erkenntnis wurde 1626 von seinem Neffen noch einmal publiziert.

Für Platter war die **anatomische Sektion** nicht nur Grundlage der Kenntnis des menschlichen Körpers, sondern auch Mittel zur Feststellung von Todesursachen. Er soll über 300 Leichen seziert haben, eine davon öffentlich in der St. Elisabethen-Kirche. Als Gutachter wurde er zuweilen bei zweifelhaften Todesfällen beigezogen und kann so als Pionier der pathologischen Anatomie und der **Gerichtsmedizin** bezeichnet werden.

Titelblatt (Ausschnitt) von Andreas Vesals DE HUMANI CORPORIS FABRICA LIBRI SEPTEM, *Basel, 1543. Wie der flämischen Pionier der Anatomie Andreas Vesal (1514–1564), nutzte Platter eifrig die Sektion, auch zur Diagnose von Krankheit und Todesursachen.*

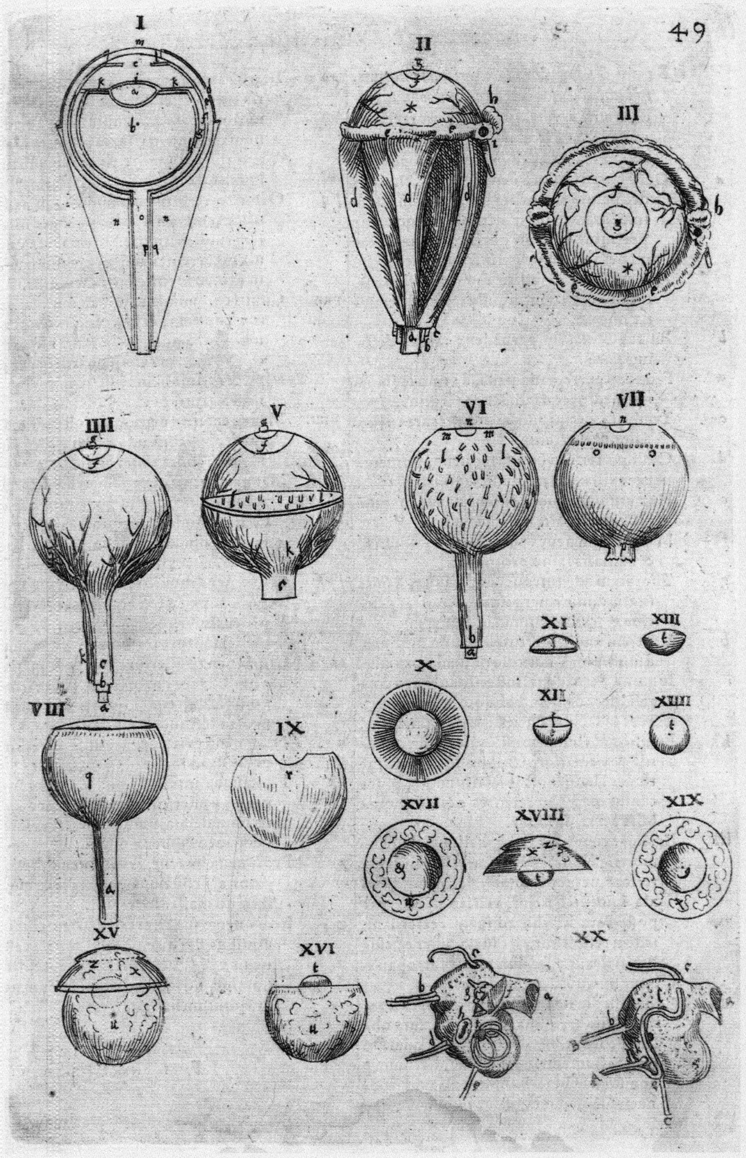

Tafel 49 (Holzschnitt) aus Felix Platters De corporis humani structura et usu, *Basel, 1583. Das präparierte menschliche Auge mit Netzhaut und Nerv.*

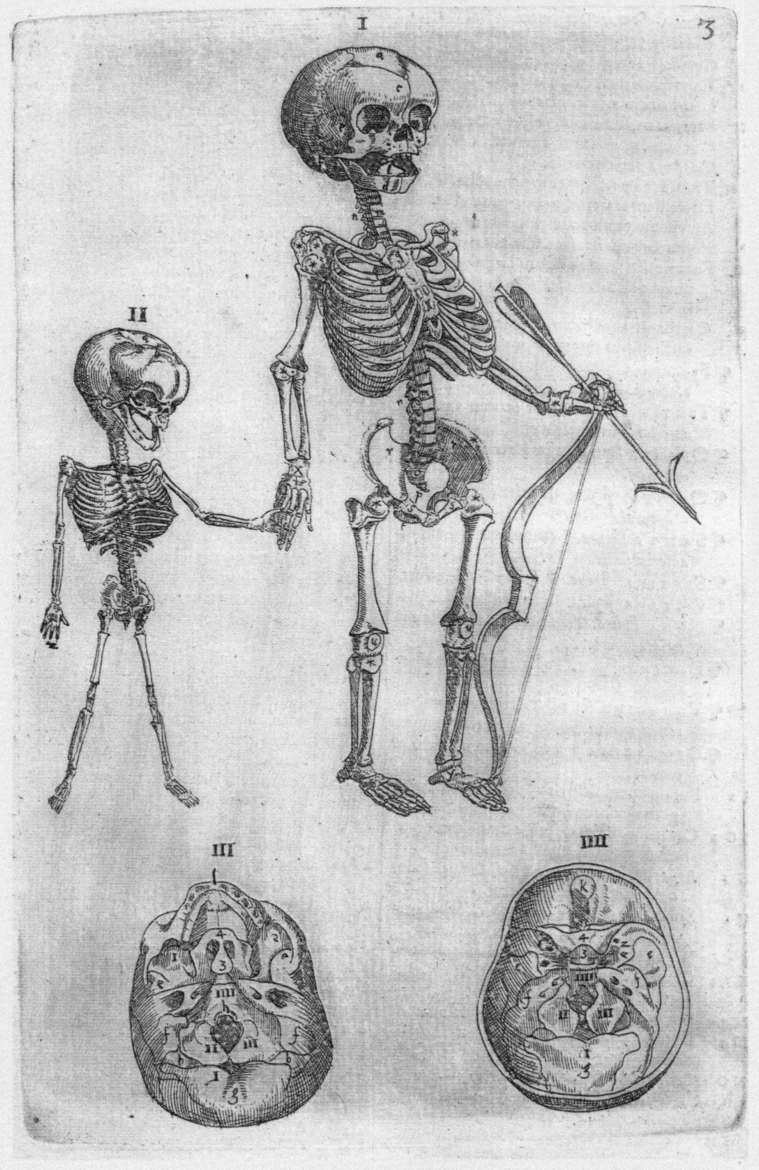

Ossium cartilaginumque pueri et embryonis constructio. *Tafel 3 (Holzschnitt) aus Felix Platters* De corporis humani structura et usu, *Basel, 1583. Illustration der von Platter präparierten Skelette eines Kleinkindes und eines Knaben.*

Platters umfangreichstes Werk, das **Lehrbuch** *Praxeos medica*, ist eine Gesamtdarstellung der klinischen Medizin nach einer neuen, auf die Krankheitserscheinungen bezogenen Einteilung. Zuvor waren die Krankheiten nur nach ihrem Sitz vom Scheitel bis zur Ferse beschrieben worden. Zukunftsweisend waren in der *Praxeos* auch Platters Darstellung der Gemüts- und **Geisteskrankheiten**.

Die in Platters letztem Lebensjahr publizierten *Observationes* (=Beobachtungen) enthalten **Krankengeschichten**, die auch auf die familiäre und soziale Umwelt der Patienten eingehen. Als kurioses Beispiel einer beschriebenen Krankheit ist etwa jene der übermäßigen Körperbehaarung von Pedro Gonzales und dessen Kindern zu erwähnen. Die Familie suchte 1580 Platter auf, dieser untersuchte zwei der Kinder, ließ Porträts anfertigen und erläuterte das Behaarungsphänomen in den *Observationes*.

FELICIS PLATERI,
QUONDAM ARCHIATRI ET PROFESS.
BASIL. ORD.
PRAXEOS MEDICÆ
TOMI TRES,
NOVIS ALIQUIBUS AFFECTIBUS,
OBSERVATIONIBUS ET REMEDIIS
locupletati, & ab innumeris mendis repurgati
A
FELICE PLATERO, M. D. ARCHIATRO
& Profess. Basil. Fel. Nep.
EDITIO QUARTA,
Cui accessit
PRÆFATIO
EMANUELIS KÖNIG, EM. FIL. M. D.
Theor. Prof. P. Basil.
Unà cum
INDICE GENERALI in omnes
Tres Tomos.
FESTINA LENTE
BASILEÆ,
Impensis E. & J. R. THURNISIORUM, Fratr.
M DCC XXXVI.

Titelblatt des dritten Bandes von: Felix Platters Praxeos medicae*, Basel, 1736 (4. Auflage). Das dreibändige Lehrbuch der klinischen Medizin erschien erstmals 1602 bis 1608 und wurde über 130 Jahre neu aufgelegt.*

→

Tafel II, Maddalena Gonzales und ihre Schwester, Wasserfarbe und Gouache von Joris Hoefnagel, um 1580 aus: Animalia Rationalia et Insecta (Ignis). *Die Familie Gonzales litt an der sehr seltenen Erbkrankheit* Hypertrichosis. *Die starke Körperbehaarung hat die Leute fasziniert und wohl auch zu Werwolf-Legenden inspiriert.*

ZÖGLINGE DER FAMILIE PLATTER

Die Ehe von Felix und Magdalena blieb kinderlos. Die beiden kümmerten sich jedoch um mehrere Pflegekinder. Das erste, ab etwa 1572, war Margrit Simon, «Gredlin» genannt. Ihre Eltern, ein reisendes Dienstleutepaar, waren bei Platters Verwalter in Gundeldingen untergekommen. Die an Flecktyphus erkrankte Mutter verstarb, der Vater musste weiterreisen und hinterließ das noch nicht einjährige Kind den Platters. Auch für seine viel jüngeren Halbgeschwister sorgten Felix Platter und Magdalena nach dem Tod des Vaters Thomas. Ebenso kam die jüngste Nichte Magdalenas, Chrischona Jeckelmann, bei den beiden unter. Der 38 Jahre jüngere Halbbruder Thomas (1574–1628) wurde von Felix besonders betreut; er studierte Medizin in Basel und Montpellier und wurde 1625 Stadtarzt in Basel. Der Lehrstuhl Felix Platters wurde von dessen Schüler Caspar Bauhin übernommen, der ihn wiederum an Thomas Platter weitergab. Dieser verwaltete nach Felix' Tod dessen Besitz und den naturwissenschaftlichen Nachlass. Thomas Platter der Jüngere verfügte aber offenbar nicht über ganz so viel wissenschaftliches Talent wie sein berühmter Halbbruder, jedenfalls sind keine akademischen Publikationen von ihm bekannt.

Thomas Platter der Jüngere heiratete 1602 seine Adoptivschwester Chrischona Jeckelmann. Sie hatten zusammen sechs Kinder, darunter einen Sohn namens Felix. Felix Platter der Jüngere (1605–1671) studierte ebenfalls Medizin und machte zudem als Professor für Logik und Physik und als Gerichts- und Ratsherr Karriere.

↑ *Thomas Platter der Jüngere, Kupferstich 1628, Künstler unbekannt. Felix Platters Halbbruder wurde ebenfalls Stadtarzt und Professor.*

← *Felix Platter der Jüngere. Ölgemälde, 1608 von Hans Bock dem Älteren. Felix Platter der Jüngere, hier gemalt im Alter von drei Jahren, ist der Neffe von Felix Platter dem Älteren.*

Zur Familie Platter gehörten auch die Tischgänger. Dabei handelte es sich um junge Männer, meist zwischen 15 und 23 Jahre alt, die in Basel ausgebildet wurden und deren Familien auswärts wohnten. Das Haus Platter funktionierte also als eine Art Pension, in der die Schüler Kost und Logis sowie eine strenge Erziehung erhielten. Insbesondere für Thomas den Älteren und seine Frau Anna war diese sogenannte Kostgeberei finanziell wichtig, aber auch anstrengend – sie beherbergten teilweise über 30 Schüler. Die Ausbildung von Felix in Montpellier wurde vor allem durch diese Kostgeberei ermöglicht. Felix Platter selbst hatte später auch Tischgänger, jedoch weniger aus finanzieller Notwendigkeit als aus Gefälligkeit und Freude an der Geselligkeit.

Bezeichnend für das Familienleben der Platters ist die stete Unsicherheit durch die Folgen der Reformation und vor allem durch die wiederkehrenden Pestwellen. Mehr als einmal mussten einzelne Personen, die Tischgänger oder die ganze Familie Basel verlassen, um der Pest zu entfliehen. Dennoch erlagen zahlreiche Familienmitglieder in jungen Jahren dieser oder anderen Krankheiten. Nur zwei der neun Geschwister und Halbgeschwister Felix Platters wurden über 20 Jahre alt.

FELIX PLATTERS SAMMLUNG

Felix Platter liebte neben seiner beruflichen Tätigkeit die Geselligkeit und gutes Essen, trug seine selbst verfassten Gedichte vor und war auch **Musiker**. Er spielte Laute, Harfe und Spinett und tanzte gerne. In seiner Autobiografie und in seinen Gedichten zeigt sich Platter als talentierter **Schriftsteller**.

Felix Platter war aber vor allem auch ein **leidenschaftlicher Sammler**. Sein Hauswirt in Montpellier, der Apotheker Laurent Catelan, war Besitzer einer großen Sammlung von botanischen, mineralogischen und zoologischen Objekten, die damals für die Medizin interessant waren. Platter lernte bei Catelan, gesammelte Gegenstände systematisch zu gruppieren, sie zu kennzeichnen und zu katalogisieren. Wohl schon damals entstand seine eigene Hausapotheke. Auch seine Sammlung gepresster und getrockneter Pflanzen begann er während der Ausbildung in Montpellier anzulegen. Botanik hatte damals primär das Ziel, Heilpflanzen zu entdecken und zu nutzen. Sein **Herbarium** erweiterte Platter zeitlebens, auch durch den Austausch mit anderen Spezialisten, die ihm Pflanzen zuschickten.

Rund um das Herbarium als Mittelpunkt seiner Sammlung baute sich Felix Platter im Laufe seines Lebens ein reiches und berühmtes **Naturalienkabinett** auf. Kunst- und Wunderkammern sind in der Renaissance als Universalsammlungen entstanden, die das gesamte Wissen der Zeit erfassen sollten. Die Sammler sahen sich als gottgleiche Schöpfer einer Welt im Kleinen. Öffentlich zugängliche Sammlungen wie die der heutigen Museen gab es damals noch nicht.

Wichtig waren für Platter der Erwerb von Nachlässen und der Tausch mit ebenfalls sammelnden, hochrangigen Persönlichkeiten, die zu Platters Patienten- oder Bekanntenkreis gehörten. Mehrere Verzeichnisse von Platters Hand und spätere Ergänzungen lassen auf den ursprünglichen Umfang seines Kabinetts schließen.

Das Naturalienkabinett enthielt von Mineralien, Walrosszähnen und versteinerten Früchten bis hin zu indianischen und chinesischen Sammelobjekten alles, was zeitgenössische Gelehrte begeisterte: «Dass einer sich darob vergafft und des Munds offen vergisst», wie der Luzerner Apotheker Renward Cysat (1545–1614) einmal erwähnte.

Renward Cysat war ein wichtiger Zuträger für Platters Sammlung. Er legte Platter einen 1577 in Reiden (LU) gefundenen, gigantischen Knochen zur Begutachtung vor. Platter, Anatom und **Experte** für Kuriositäten,

Rückenansicht der acht in der Burgerbibliothek Bern erhaltenen Herbarbände. Ursprünglich umfasste das Herbarium 18 solche, etwa 40 cm hohe Bände.

Naturalienkabinett des Neapoletanischen Apothekers Ferrante Imperato. Kupferstich aus: Ferrante Imperato: DELL'HISTORIA NATURALE, *Napoli 1599. Typisches Beispiel einer Wunderkammer der Zeit.*

ordnete diesen einem Riesenmenschen zu. Er errechnete seine Größe auf 5,6 Meter. Der Riese von Reiden wurde zur Sagengestalt, und die Reidener waren mächtig stolz auf ihren *Gigas*. Die Hypothese des Riesenmenschen wurde erst im 18. Jahrhundert angezweifelt: Der Göttinger Professor Johann Friedrich Blumenbach identifizierte 1799 den Knochen als Stück eines Schulterblattes eines eiszeitlichen Mammuts.

Platters Wunderkammer war aber nicht nur auf naturwissenschaftliche Objekte beschränkt. Sie enthielt auch **Antiquitäten, Kunstobjekte** und **Musikinstrumente**. Sie konnte wie ein Museum gegen Bezahlung besichtigt werden. Matthäus Merian der Ältere (1593–1650) pries in seiner «Topographia Helvetiae» «dess D[oktor]. Plateri Kunstkammer, darinnen in 2 Gemächern viel tausendt Kunststücke unnd Wunderwerck der Natur gewiesen werden» als eine der größten Sehenswürdigkeiten Basels. Michel de Montaigne (1533–1592), der französische Jurist, Politiker, Philosoph und Schriftsteller ist wohl der prominenteste Besucher von Platters Sammlung; das Herbarium gefiel ihm besonders gut. Das Kabinett war in Platters Haus «zum Samson» in der Ecke Petersgraben/Hebelstraße in Basel untergebracht. Der Hausname stammt von einer Sandsteinskulptur des athletischen Samsons, welche Platter zur Dekoration des Hofes in Auftrag gegeben hatte. Das Haus beherbergte im vorderen Saal seine Sammlung von naturwissenschaftlichen, pharmakologischen und medizinischen Objekten, darunter auch die Herbarien. Im hinteren Saal bewahrte Platter hingegen Sammelstücke aus der Archäologie, Völkerkunde und Numismatik, eine Bibliothek sowie Ölgemälde und Musikinstrumente auf. Ein anderes bekanntes Kunst- und Raritätenkabinett in Basel gehörte dem mit Platter befreundeten Rechtsprofessor und Rektor der Universität, Basilius Amerbach (1533–1591). Damals etwas weniger berühmt als Platters Sammlung, gilt es heute als Ursprung der ältesten öffentlichen Kunstsammlung der Welt.

Ursprünglich umfasste Platters Herbar- und Abbildungssammlung in Buchform insgesamt 49 Bände, darunter einerseits Abbildungsbände mit Aquarellen verschiedener naturhistorischer Motive, andererseits Abbildungsbände mit Pflanzenillustrationen, vorwiegend nichtkolorierte Drucke aus Kräuterbüchern, und schließlich die Herbarbände mit getrockneten und gepressten Pflanzen, die zusammen mit meist farbigen Pflanzenabbildungen kombiniert wurden. Heute sind noch acht

Reste von Felix Platters Naturalienkabinett befinden sich heute im Naturhistorischen Museum Basel. Die kleinen, schwarz ausgemalten und beschrifteten Schachteln stammen möglicherweise noch von Platter selbst, die anderen Behältnisse sind jüngeren Datums. Einige medizinische Stücke, wie ein von Platter präpariertes Skelett, sind zudem im Anatomischen Museum Basel zu finden.

Herbarbände und ein Band mit Pflanzenabbildungen in der Burgerbibliothek Bern erhalten. Weitere Illustrationen aus Platters Sammlung sind aktuell nur noch aus einigen weiteren Bänden bekannt. Zwei davon wurden erst 2012 in der Bibliothek der Universität Amsterdam wiederentdeckt, zwei weitere befinden sich in der Universitätsbibliothek Basel. Die Amsterdamer Bände enthalten Vierfüßer (Säugetiere), Meerestiere aller Art («Pisces marini»), Süßwasserfische («Pisces fluviatiles») und dazu Schlangen und Wirbellose inklusive Insekten. Interessanterweise sind diese Tiergruppen in Platters eigenem Verzeichnis noch auf drei Bände (3, 5 und 6) verteilt. In Basel haben sich Reste von Band vier mit Vogelbildern und Band sieben mit Abbildungen von Mineralien und Korallen erhalten. Im Gegensatz zu den Amsterdamer Büchern sind die Basler Bände jedoch nicht mehr original eingebunden.

Knochen, 55 cm lang, 2,5 kg schwer, gefunden 1577 in Reiden. Ältester Mammutfund der Schweiz. Platter ordnete den mächtigen Knochen einem Riesenmenschen zu.

Die noch erhaltenen Bestände der ursprünglich 49 Bände Platters mit Illustrationen und Pflanzen

BESTAND	BAND	STANDORT	SIGNATUR	INFORMATIONEN (TEILW. AUF TITELSCHILD)
Tierillustrationen	3 / 6	Amsterdam	UBAhsIIIC23	Vierfüßer, Wirbellose (inkl. Insekten)
Tierillustrationen	5 / 6	Amsterdam	UBAhsIIIC22	Wassertiere
Tierillustrationen	4	Basel	K I 1	Vogel-Abbildungen (neu montiert und gebunden im 18. Jh.)
Illustrationen: Steine, Mineralien, Korallen	7	Basel	K I 2	Abbildungsband 7 (erweitert und neu gebunden, vermutlich im 18. Jh.)
Pflanzenillustrationen	–	Basel	K IV 1	Sieben Einzelblätter mit Pflanzenabbildungen, teilweise von Weiditz
Pflanzenillustrationen schwarz/weiß	8	Bern	ES70.9	Erster Abbildungsband, alphabetisch geordnet; Ex Plantae A-Am; S. I-VI, 1-646
gepresste Pflanzen und Illustrationen	32	Bern	ES70.1	Herbarium, Liber I, Sect. 1-6; S. I-VI, 1-458
gepresste Pflanzen und Illustrationen	33	Bern	ES70.2	Herbarium, Liber II, Sect. 1-6; S. I-IV, 1-364
gepresste Pflanzen und Illustrationen	34	Bern	ES70.3	Herbarium, Liber III, Sect. 1-3; S. I-IV, 1-364
gepresste Pflanzen und Illustrationen	35	Bern	ES70.4	Herbarium, Liber III, Sect. 4-6; S. I-IV, 1-330
gepresste Pflanzen und Illustrationen	42	Bern	ES70.5	Herbarium, Liber VII, Sect. 1-3; S. I-II; 1-440
gepresste Pflanzen und Illustrationen	43	Bern	ES70.6	Herbarium, Liber VII, Sect. 3-6; S. I-IV, 1-478
gepresste Pflanzen und Illustrationen	46	Bern	ES70.7	Herbarium, Liber IX, Sect. 1-5; S. I-IV, 1-320
gepresste Pflanzen und Illustrationen	47	Bern	ES70.8	Herbarium, Liber X, Sect. 1-5; S. I-IV, 1-372
Pflanzenillustrationen aus den Herbarium-Bd	–	Bern	ES71	Weiditz-Zeichnungen, neu montiert durch Walther Rytz für Rytz 1936

Übersicht des heute noch bekannten Bestandes von Platters Pflanzen- und Abbildungsammlung. Bern: Burgerbibliothek; Basel: Universitätsbibliothek; Amsterdam: Universitätsbibliothek. Die Zuordnung der Bände basiert auf: Katalog von Felix Platters Sammlungen; Platter, Felix; His, Wilhelm [Basel], um 1595, Universitätsbibliothek Basel. Die Seiten der Berner Bände wurden bei der Digitalisierung paginiert. Die Zählung mit arabischen Zahlen beginnt mit dem ersten Blatt recto, auf welchem eine Abbildung/Pflanze montiert ist. Davor wurde römisch nummeriert.

Die von Platter gesammelten Illustrationen, meist aquarellierte Zeichnungen, stammen vorwiegend aus dem Nachlass des Zürcher Gelehrten Conrad Gessner (1516–1565). Er verwendete sie als Vorlage der Drucke in seinen Werken. Gessner gilt als einer der wichtigsten Ärzte und Naturwissenschaftler seiner Zeit. Als Schüler wurde er in der Fraumünsterschule auch von Thomas Platter dem Älteren unterrichtet. Der Universalgelehrte Gessner, der auch Altphilologe und Physiker war, arbeitete als Professor und Oberstadtarzt in Zürich. Seine *Historia animalium* war ein Meilenstein der Tierkunde. Seine *Historia Plantarum*, für die er zahlreiche Abbildungen sammelte und malte, konnte er hingegen nicht fertigstellen, da er mit 49 Jahren der Pest zum Opfer fiel.

Ergänzend zu den Naturalien in seinem Kabinett unterhielt Platter Gärten. Er zog hier Pflanzen aus aller Welt, die er kaufte, tauschte und verkaufte. Ausgewählte Pflanzen aus seinen Gärten wurden auch gepresst und in sein Herbarium integriert. Er züchtete Tauben und hielt zahlreiche Tiere, darunter auch fremdländische, wie z.B. Kanarienvögel und einen vielbestaunten Elch.

Platters Sammlung wuchs in mehreren Schritten und wurde vielfältig genutzt: Ihren Anfang nahm sie in Montpellier, wo sein Kostgeber Platters Sammelleidenschaft weckte und seine Professoren ihn für die Botanik begeisterten. Dank zahlreicher Kontakte vergrößerte er seine Sammlung stetig; selbst sein Bruder Thomas ließ während seines Studiums und von verschiedenen Reisen kistenweise Material nach Hause schicken. Die Größe und die systematische Anordnung machten Platters Kabinett schließlich zu einer weithin berühmten Einheit. Er verstand es, Sammelleidenschaft und Geschäftstüchtigkeit unter einen Hut zu bringen. So verlangte er für das Vorzeigen seines Kabinetts und seiner Gärten Geld. Auch verkaufte er einige Pflanzen und Früchte aus eigener Zucht; seine Spezialität waren die damals besonders beliebten Zitrusfrüchte, die er auf seinem Porträt von 1584 stolz präsentiert.

Ossifragus/*Steinbeißer. Aquarellierte Zeichnung, Künstler unbekannt. Aus: «Abbildungen von Vögeln von Felix Platter gesammelt» (Platters Band 4). Kernbeißer* (Coccothraustes coccothraustes).

40 Auium

Coccothraustes Græcè, Latinè Ossifragus dici poterit, quod ossicula cerasorum confringere soleat ut nucleis uescatur. Sed longè alia est ossifraga aquilarum generis.

ITALICE Frison, Frusone, Grison, Franguel montagno.

GALLICE Chochepierre.

GERMAN. Steinbysser/Klepper/Kernbeiß/Kirßfinck/Kirseschneller/Bollebick.

F. Loxias uel Curuirostra.

GERMAN. Crützuogel/Krumschnabel.

Seite 40 mit dem Kernbeißer aus: Icones avium omnium, quae in Historia avium Conradi Gesneri describuntur, *Zürich 1555. Conrad Gessner ließ für seine Werke die Abbildungen nach den Originalen in Holz schneiden. Hier das Beispiel im Buch über die Vögel der Schweiz. Der Abdruck wird dann seitenverkehrt wiedergegeben.*

Alce […] Aquarellierte Zeichnung, Künstler unbekannt. Aus Platters Band 3 seiner Illustrationen-Sammlung aus dem Nachlass von Conrad Gessner. Ein Elch (ALCES ALCES) *war auch in Platters Garten zu bestaunen.*

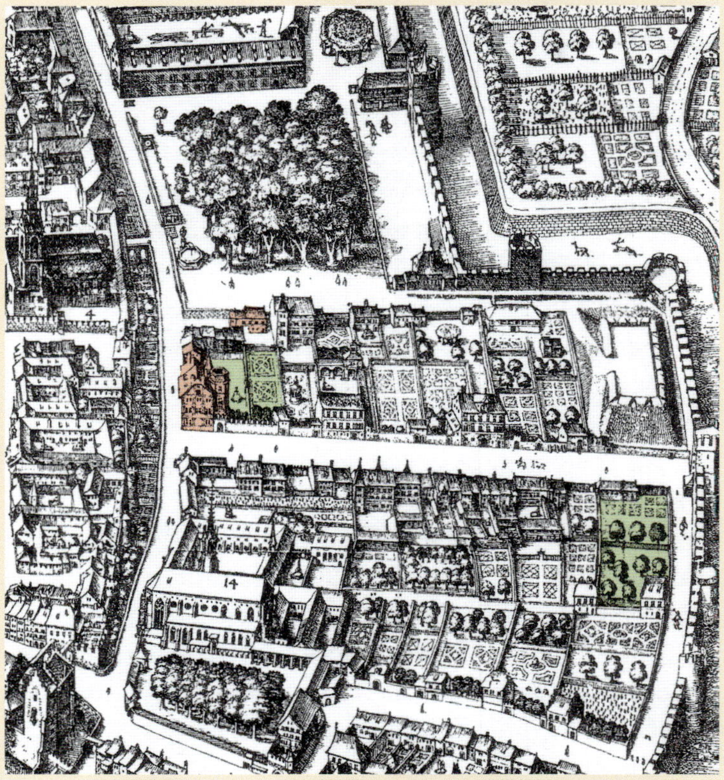

NOVA ET GENUINA DESCRIPTIO INCLYTAE URBIS BASILEA … *(Basel, Vogelschauplan; Ausschnitt). Kupferstich, 1615 von Matthäus Merian dem Älteren. Platters Häuser und Gärten im Süden vom Petersplatz (Petersgraben und Hebelstraße) und sein Baumgarten beim Bollwerk (Schanzenstraße).*

QUELLEN

EGMOND, Florike (2012): A collection within a collection – Rediscovered animal drawings from the collections of Conrad Gessner and Felix Platter. In: *Journal of the Historiy of Collections*, S. 1-22

HÄFLIGER, Josef Anton (1939): *Felix Platters Hausapotheke.* Sonderabdruck aus dem Basler Jahrbuch. Basel: Helbing & Lichtenhahn

KOHL, Horst (Hrsg.) (1913): *Tagebuchblätter aus dem Jugendleben eines deutschen Arztes des 16. Jahrhunderts.* Leipzig: Voigtländer

LANDOLT, Elisabeth (1972): Materialien zu Felix Platter als Sammler und Kunstfreund. In: *Basler Zeitschrift für Geschichte und Altertumskunde.* Bd. 72, S. 245–306

LÖTSCHER, Valentin (1975): *Felix Platter und seine Familie.* 153. Neujahrsblatt. Basel: Gesellschaft für das Gute und Gemeinnützige

LÖTSCHER, Valentin (Hrsg.) (1976): *Felix Platter – Tagebuch (Lebensbeschreibung)* 1536–1567. Basel, Stuttgart: Schwabe & Co. Verlag

RYTZ, Walther (1933): *Das Herbarium Felix Platters – ein Beitrag zur Geschichte der Botanik des XVI. Jahrhunderts.* Separatabdruck aus der Naturforschenden Gesellschaft in Basel, Band XLIV, 1. Teil. Basel: E. Birkhäuser

VON LIEBENAU, Theodor (1900): Felix Plater von Basel und Rennward Cysat von Luzern. In: *Basler Jahrbuch.* S. 85–109

BOOS, Heinrich. (Bearb.) (1878): *Thomas und Felix Platter. Zur Sittengeschichte des XVI. Jahrhunderts.* Leipzig: Hirzel

PILLER, Gudrun (2011): «viel tausendt Kunststücke unnd Wunderwerck der Natur» – Die Sammlung des Stadtarztes Felix Platter (1536–1614). In: *Die große Kunstkammer* – Bürgerliche Sammler und Sammlungen in Basel. Basel: Historisches Museum Basel, S. 69–80

WIESNER-HANKS, Merry: The wild and hairy Gonzalez Family http://apparences.revues.org/1283 20144

Eine kurze Geschichte der Botanik und der Herbarien

Erste Ansätze, Pflanzen wissenschaftlich zu erforschen und zu ordnen, sind aus der Antike bekannt. Der Philosoph und Naturforscher **Theophrastos von Eresos** (371–281 v. Chr.), Schüler von Aristoteles, hinterließ der Nachwelt Schriften über die «Ursachen des Pflanzenwuchses» und der «Geschichte der Pflanzen». Darin unterscheidet er systematisch Pflanzenteile wie Rinde, Wurzel und Stängel und teilt das Pflanzenreich in verschiedene Erscheinungsformen wie Bäume, Sträucher, Kräuter und Blütenlose ein.

Ein weiteres wichtiges Werk der Pflanzenkunde der Antike verfasste **Pedanios Dioskurides** (1. Jh. n. Chr.). Der griechische Arzt beschrieb rund 580 Pflanzen, ihre Verwendung und Wirkung sowie ihre Synonyme in verschiedenen Sprachen. Dieses Werk diente bis ins 17. Jahrhundert als Grundlage der Arzneimittellehre und der Botanik.

Plinius der Ältere (23–79 n. Chr.) hat als römischer Gelehrter das gesamte bisherige Wissen über Pflanzen in mehreren Büchern erfasst, wenn auch mit etlichen Übersetzungsfehlern. Plinius' Werke liefern eine Übersicht über historische, heute nicht mehr erhaltene Quellen zur Botanik.

Im Mittelalter bildete die Kirche das Zentrum des Wissens. Wissenschaftliche Ansätze von Botanik und Biologie im Allgemeinen, wie noch von Theophrastos propagiert, wurden damals verdrängt. Botanik war lediglich Heil- und Nutzpflanzenkunde. Die Schriften von Dioskurides standen im Vordergrund und wurden immer wieder abgeschrieben und kommentiert, was zu vielen Fehlern führte. Man versuchte zudem, die darin enthaltenen Erkenntnisse zu den Pflanzen aus Dioskurides' griechischer Heimat direkt auf die Pflanzen Mitteleuropas zu übertragen. Neue, methodische und systematische Forschung auf dem Gebiet der Pflanzenkunde gab es nicht.

Blasenkirsche (Physalis sp.) aus: Pedanios Dioskurides: Codex medicus Graecus 1, um 510. Der sogenannte Wiener Dioskurides ist eine frühe Abschrift.

Im Nahen und Mittleren Osten waren ab der Mitte des 7. Jahrhunderts mehr Fortschritte im Wissen um die Pflanzenkunde zu verzeichnen. So wurden neben dem Rezitieren von antiken Quellen auch eigene, neue Beschreibungen von Heilpflanzen verfasst. Als wichtiges Werk gilt der «Kitab al-shifa» (Kanon der Medizin) des persischen Arztes und Philosophen **Ibn Sina** (980–1037), latinisiert **Avicenna.** Jedoch gingen auch diese Beschreibungen nicht in die Richtung, eine Systematisierung der Pflanzen im naturwissenschaftlichen Sinne voranzutreiben.

Hildegard von Bingen, Miniatur aus dem Rupertsberger Codex des Liber Scivias *(12. Jahrhundert).*

Jslocatio est egressio
ossis ex loco suo q ē p
nām apd illd qd ei vi
cinū existit itegra. Si
aūt nō egrediat inte-
gre noiat sepatio iun
cture ad ptē ꝓfundaꝫ
aut ꝓcedētē aut emi-
nētē q cognoscit sen-
su. Et ē sepatio nō ite
gra quā qdaꝫ noiant
torsionē. Cū ꝫ ē lesio
q nō mouet os: ꝫ attrabit qd ꝯtiet ipꝫ: tūc ē alguaenu
ꝛ nō ē ex gn̄e torsionis: ꝛ qn̄qꝫ accidit iūcture res ter-
tia: ꝛ est vt elōget ꝛ addat sup longitudinē suā nālē: ꝛ
nō ꝯseqt ad h dislocationē: verūtn̄ fit facilis disloca-
tiōis: ꝛ illd qdē multotiēs accidit i adiutorio ꝛ coxa.

Ibn Sina, latinisiert Avicenna, *typografisches Ornament mit seinem Porträt in der Ausgabe von 1520 des* Medicarum principis canonum liber. *Der persische Arzt und Philosoph schrieb um 1000 ein wichtiges Werk zur Botanik.*

Im christlichen Europa kommt der Benediktiner-Äbtissin **Hildegard von Bingen** (1098–1179) eine besondere Bedeutung zu. Ihre Ausführungen zur Pflanzenwelt stammen aus eigenen Beobachtungen und nicht aus Werken älterer Autoren. In ihrem Werk *Physica* beschreibt sie etwa 300 Pflanzen und deren Nutzen als Heil- und Nahrungsmittel.

Ab dem 13. Jahrhundert lassen sich weitere Tendenzen der naturnahen Beschreibung feststellen. Mönche gingen beim Abschreiben der antiken Schriften teilweise dazu über, die Pflanzen aus dem eigenen Heilkräutergarten – im Mittelalter besonders bei Klöstern angelegt – selber zu beschreiben und in die antiken Überlieferungen einzuordnen. Dies führte zweifelsohne zu weiteren Verwirrungen, zeigt jedoch erste Bestrebungen, die Natur selbst zu beobachten. Der deutsche Gelehrte und Bischof **Albertus Magnus** (ca. 1200–1280) ging noch einen Schritt weiter. Er verfasste *De vegetabilibus libri VII*. Darin stützte er sich auf antike Quellen, stellte aber immer wieder auch eigenständige Überlegungen und Beobachtungen an. So beschrieb er zum Beispiel die Funktion verschiedener Pflanzenteile.

Auch in der islamischen Welt gab es im 13. Jahrhundert eine Entwicklung der Botanik. Diese Werke wurden jedoch nicht in europäische Sprachen übersetzt.

DAS ERWACHEN DER BOTANIK

Das 16. Jahrhundert war geprägt von Umbrüchen wie der Reformation und läutete mit der Renaissance eine Epoche neuer Erkenntnisse ein. Die Entwicklung des Buchdruckes Mitte des 15. Jahrhunderts durch Gutenberg war dabei wegbereitend und brachte besonders die Wissenschaft voran.

Die Medizin im 16. Jahrhundert basierte auf der in der Antike von Hippokrates (ca. 460–370 v. Chr.) begründeten und von Galen (ca. 130–200) erweiterten Vier-Säfte-Lehre. Auch die Heilpflanzenlehre stützte sich auf die Wirkung der Kräuter auf die Körpersäfte Blut, Schleim, gelbe und schwarze Galle. Trotz massiver Fortschritte in der Forschung blieb diese Lehre mit davon abgeleiteten Temperamenttypen (Sanguiniker, Phlegmatiker, Choleriker, Melancholiker) bis ins 19. Jahrhundert die Grundlage von Körpervorstellung und Therapie.

Die Botanik erfuhr im 16. Jahrhundert einen elementaren Wandel: Sie begann sich als eigene Forschungsrichtung zu etablieren, auch wenn sie noch bis ins 18. Jahrhundert Teilgebiet der Medizin blieb. Dabei wurden die Pflanzen selbst Ziel der Forschung und nicht nur ihre (vorwiegend medizinische) Verwendung. Mit dem neu erwachten Interesse für die Antike wurden die Werke von Theophrastos mit ihren systematischen Ansätzen zur Pflanzenkunde wiederentdeckt und neu verlegt (erstmals 1483). Im Geiste des Humanismus des 16. Jahrhunderts wurden aber auch Forderungen von Naturforschenden laut, sich nicht ausschließlich auf die alten Schriften zu stützen, sondern die Natur selbst zu beobachten. So entstanden ab 1530 Kräuterbücher, die vor allem durch ihre Pflanzenillustrationen den Grundstein zur modernen Botanik legten. Die Pflanzenabbildungen wurden nicht mehr nur von früheren Werken übernommen, sondern neu gezeichnet. Dabei entwickelten sie sich von der schematischen Dekoration zum zentralen Bestandteil der Beschreibung der Pflanze. Die Abbildungen entstanden aufgrund von Beobachtungen der Natur. Durch diese neue Betrachtungsweise musste auch den antiken Quellen in mancher Hinsicht widersprochen werden.

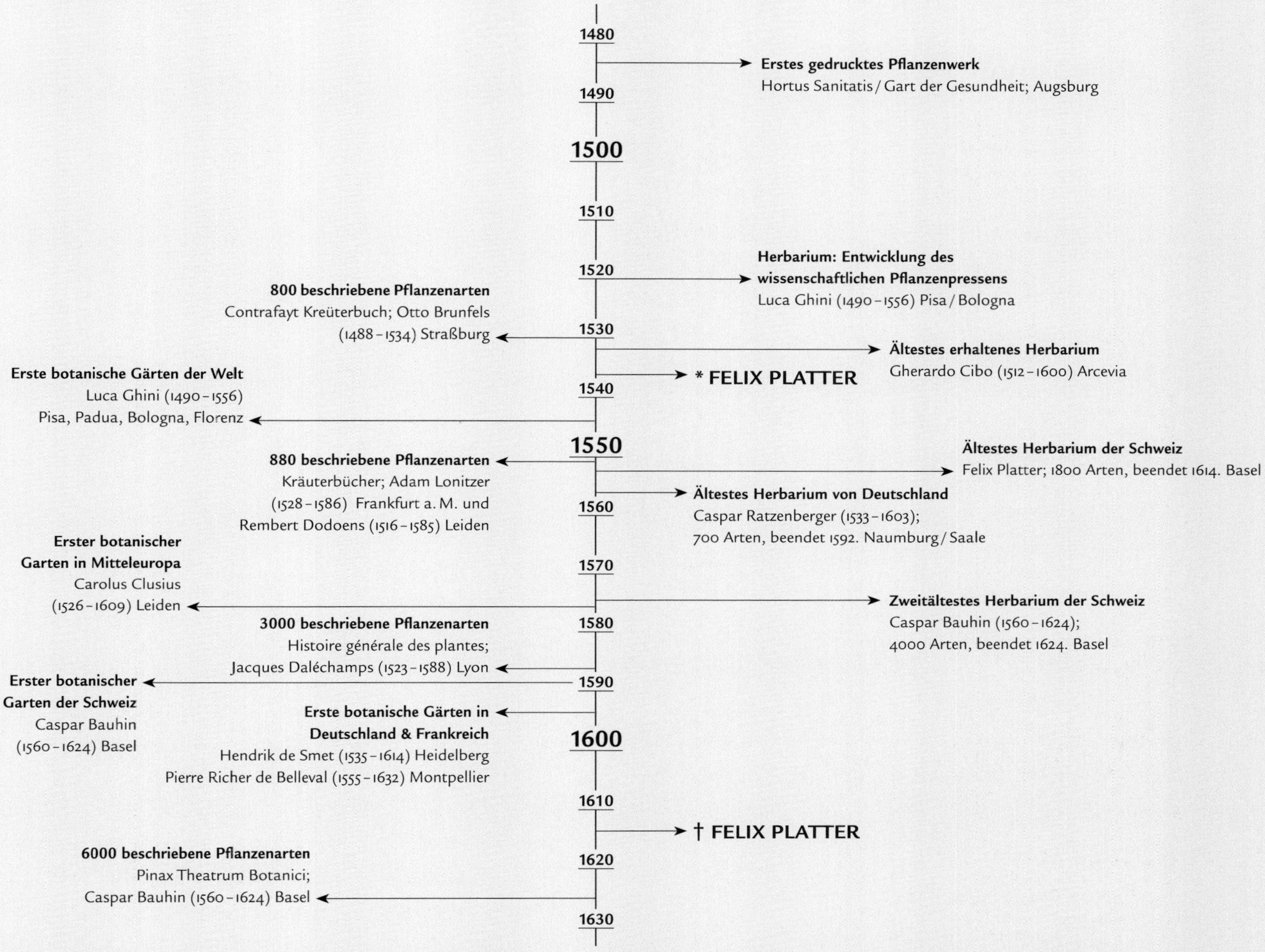

Die Entwicklung der Botanik zu Platters Zeit. Felix Platter prägte auch als Mediziner ohne botanische Publikationen die Pflanzenkunde. Sein Herbarium und seine Gärten beeindruckten sowohl Kollegen als auch die Öffentlichkeit, seine Begeisterung für Pflanzen wirkte nachhaltig auf seine Schüler. Herausragendes Beispiel ist dabei Caspar Bauhin, Gründer des ersten Botanischen Gartens der Schweiz und Autor des PINAX THEATRI BOTANICI *mit damals epochalen 6000 Arten. Heute schätzt die Weltnaturschutzorganisation IUCN, dass auf unserer Erde rund 380 000 Pflanzenarten leben.*

Als leidenschaftlicher Sammler interessierte sich Platter bald auch für die Pflanzen. Er kannte die zeitgenössischen, frisch publizierten Kräuterbücher, die neben der Erwähnung der pflanzlichen Heilwirkung diese in eine logische Anordnung zu bringen versuchten. «[...] er suchte die Wahrheit überall, in den Schriften der Alten, wie in der unmittelbaren Naturbetrachtung [...]», wie Miescher-His 1860 über Felix Platter als typischen Vertreter seiner Zeit zu berichten wusste. Besonders spannend waren für Platter auch die exotischen Pflanzen, die damals erstmals auch aus der «Neuen Welt» nach Europa gelangten.

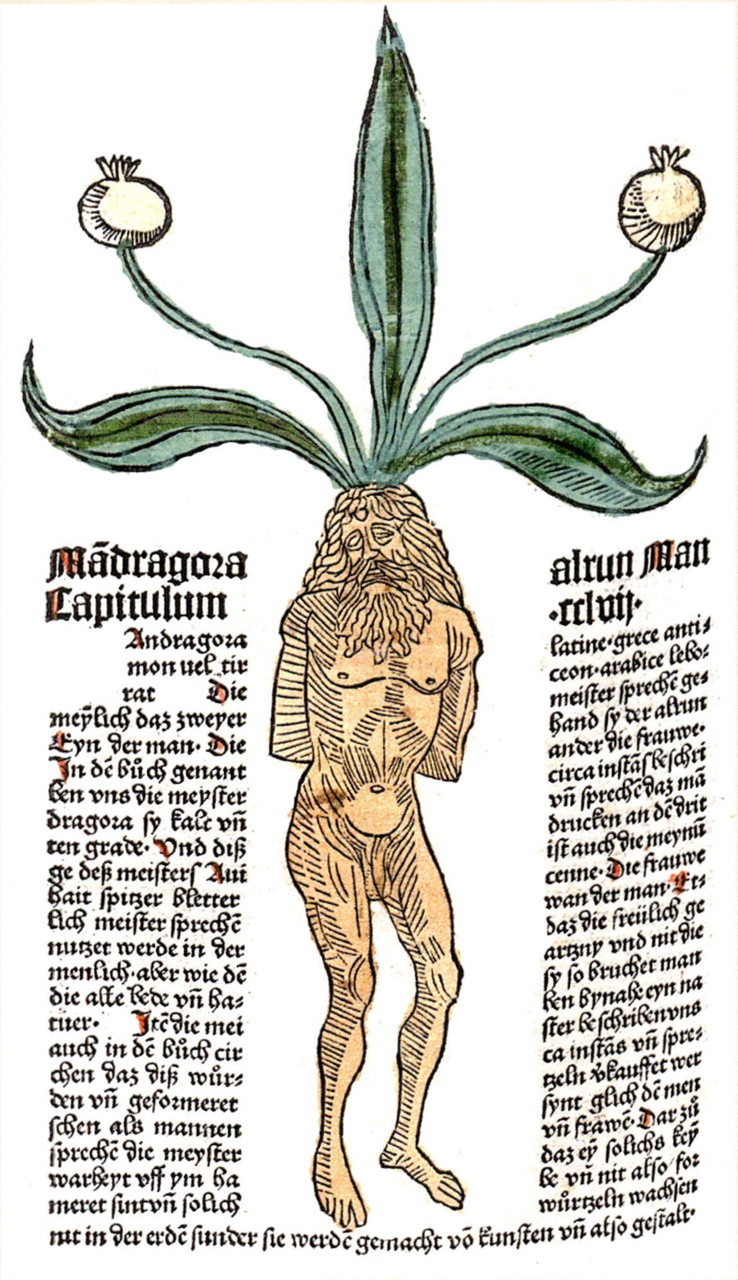

Mandragora, *Holzschnitt aus*: *Schöffer, Peter (Verleger): Gart der Gesundheit, Augsburg, 1485. Die berühmte Heilpflanze im einem der ältesten gedruckten Pflanzenwerken. Die Illustration dient mehr der Dekoration als der Beschreibung der Pflanze.*

Felix Platters botanische Tätigkeiten sind genau in diese Zeit des Umbruchs einzuordnen. Als Medizinstudent in Montpellier gehörte die Pflanzenkunde zu seiner Ausbildung. Unter den Gelehrten herrschte ein reger Austausch über die neuen Erkenntnisse in diesem Fachgebiet. Das Anlegen von Herbarien wurde als neue Technik für die genaue Charakterisierung und als Identifikationshilfe von Pflanzen gelehrt.

Otto Brunfels, Holzschnitt, 1535, Hans Baldung Grien zugeordnet.

Das erste Kräuterbuch dieser neuen Epoche – **Otto Brunfels‘** (1488–1534) *Herbarum vivae eicones* – ist elementar für Platters eigenes Herbarium. Brunfels war zunächst Pfarrer und wurde dann Arzt. Sein Kräuterbuch stützt sich zwar inhaltlich und bei der Benennung auf ältere Werke, die Beschreibungen der Pflanzen basieren jedoch auf eigenen Beobachtungen. Im Zentrum von Brunfels‘ Werk stehen die Abbildungen und Holzschnitte, die er mit einem lateinischen und deutschen Namen beschriftete. Die Vorlagen dazu hat der Straßburger **Hans Weiditz der Jüngere** (um 1495–1536) nach der Natur gemalt. Felix Platter konnte diese kolorierten Federzeichnungen aus dem Nachlass Conrad Gessners erwerben, weshalb ein Teil davon bis heute erhalten blieb, da Platter sie in sein eigenes Herbarium integrierte. Brunfels‘ Werk mit den Holzschnitten von Weiditz revolutionierte die damalige Darstellung von Pflanzen. Ähnliches gilt für die Kräuterbücher von Hieronymus Bock, Leonhart Fuchs und weiteren Autoren. Gemeinhin werden Brunfels, Fuchs und Bock als die «Deutschen Väter der Botanik» bezeichnet, da ihre Kräuterbücher, insbesondere durch ihre hervorragenden Abbildungen, die Botanik ungemein geprägt haben.

Zwölf Jahre nach Brunfels’ Publikation erschien das Kräuterbuch *De historia stirpium* von **Leonhart Fuchs** (1501–1566); 1543 wurde es auch in deutscher Sprache unter dem Titel «New Kreüterbuch» veröffentlicht. Ein durchschlagender Erfolg! Seine Pflanzendarstellungen, hergestellt von Albrecht Meyer (Maler), Heinrich Füllmauer (Reißer), Veit Rudolf Speckle (Holzschneider) blieben gemeinsam mit den Abbildungen von Otto Brunfels lange Zeit unübertroffen. Für besonders luxuriöse Ausgaben wurden die Holzschnitte nach dem Druck von Hand aquarelliert, was die Bilder plastischer und noch lebensechter machte.

Während bei Brunfels‘ und Fuchs‘ Kräuterbüchern die Abbildungen von größter Bedeutung sind und jeweils eine ganze Seite einnehmen, zeichnet sich das Werk von **Hieronymus Bock** (lat. *Tragus*) (1498–1554) insbesondere durch die anschaulichen und lebendigen Pflanzenbeschreibungen aus. Die Holzschnitte in Bocks Buch wurden durch David Kandel geschaffen. Er hat sie zumeist aus Fuchs und Brunfels kopiert, aber auch originell ergänzt.

Zwei weitere Zeitgenossen Platters waren für die Botanik prägend. Der erste, etwas ältere, war der Zürcher Stadtarzt und Universalgelehrte **Conrad Gessner** (1516–1565), einer der herausragendsten Naturforscher des 16. Jahrhunderts. Gessner plante eine umfassende Naturgeschichte der Pflanzen, *Historia Plantarum* genannt, die jedoch nie vollendet wurde, da Gessner mit 49 Jahren an der Pest starb. Das unvollständige, umfangreiches Manuskript mit zahlreichen, detaillierten Illustrationen blieb aber erhalten und gelangte in den Besitz des Nürnberger Arztes und Naturforschers Joachim Camerarius dem Jüngeren (1534–1598). Er ließ nach den darin enthaltenen Abbildungen Holzschnitte für die Neuauflage des von ihm 1586 herausgegebenen Kräuterbuches von Pierandrea Mattioli (1500–1577) erstellen. Die Originale von Gessners Abbildungen blieben in Nürnberg und wurden erst

Leonhart Fuchs, Ölgemälde, 1541, von Heinrich Füllmaurer.

Hieronymus Bock (Tragus), kolorierter Holzschnitt von David Kandel in Bocks' Das Kreütter Buch, Straßburg, 1546.

200 Jahre später durch den Arzt und Botaniker Christoph Jakob Trew (1695–1765) als *Opera botanica* publiziert. Auch Felix Platter gelang es, verschiedene, von Gessner gesammelte Illustrationen zu erwerben. Sie bilden einen wichtigen Teil seiner Abbildungssammlung.

Der zweite bedeutende Zeitgenosse Felix Platters war dessen Schüler **Caspar Bauhin** (1560–1624). Er übernahm 1589 Platters Lehrstuhl für Anatomie an der Universität Basel und wurde auch erster Professor für Botanik in der Schweiz. Sein Werk *Pinax theatri botanici* aus dem Jahre 1623, wohl Bauhins bedeutendstes Werk, bietet eine Übersicht über alle bis dahin bekannten rund 6000 Pflanzenarten. Dabei hielt er sich konsequent an die Unterscheidung von Gattung und Art, wobei die Artnamen aus einem oder mehreren Eigenschaftsworten bestanden. Damit war er nur noch einen kleinen Schritt von Linnés binärer Nomenklatur entfernt, die noch heute die Grundlage der wissenschaftlichen Benennung aller Lebewesen ist. Da Bauhin auch die Pflanzennamen notierte, wie sie von Botanikern vor ihm vergeben worden waren, bildet sein *Pinax* bis heute eine unentbehrliche Quelle für die Zuordnung alter Pflanzennamen.

METHODUS PLANTARUM SEXUALIS, *Kupferstich, 1736 von Georg Dionysius Ehret, Einzelblatt. Carl von Linnés 24 Klassen basieren auf der Anzahl männlicher und weiblicher Blütenorgane. Ein brauchbares, dem Kenntnisstand der Zeit entsprechendes Arbeitsinstrument, aber ein «künstliches System», da es die natürlichen Verwandtschaftsverhältnisse der Arten untereinander nicht berücksichtigt.*

Der Botanische Garten in Basel, der älteste der Schweiz, wurde 1589 ebenfalls von Caspar Bauhin gegründet. Botanische Gärten erlauben das Studium von Pflanzen «vor der Haustür», also ohne aufwändige Reisen, Herbarien ermöglichen das Studium von Pflanzen ohne Rücksichtnahme auf die Jahreszeiten. Während zahlreiche Botanische Gärten aus der Renaissance bis heute bestehen, sind nur wenige Herbarien aus dieser Epoche erhalten. Jenes von Felix Platter gehört zu den ältesten.

VON PLATTER BIS HEUTE

Im 17. Jahrhundert begannen sich in der Pflanzenkunde die Disziplinen Systematik, Morphologie, Anatomie und Physiologie zu entwickeln. Immer bessere Untersuchungsmöglichkeiten – beispielsweise mit der Erfindung des Mikroskops – brachten rasche Fortschritte. Die Systematik, also die hierarchische Einteilung der Pflanzen, sollte das Pflanzenreich überschaubarer machen. Eine eindeutige und konsequent aufgebaute Benennung war zudem zur genauen Unterscheidung, aber auch zur Klassifizierung der Pflanzen notwendig. Caspar Bauhin und andere Zeitgenossen Platters haben Grundlagen für diese Entwicklung geschaffen. Der schwedische Arzt und Naturforscher **Carl von Linné** (1707–1778) war es dann, dem die bis heute gebräuchliche Vereinheitlichung in der Benennung und Ordnung der Pflanzen gelang.

Linné wandte als erster konsequent die binäre, also zweiteilige, lateinische Nomenklatur an, bestehend aus Gattungsname und Artadjektiv (Epitheton). Zusätzlich schuf er zur Einteilung des Pflanzenreiches ein künstliches, einfach anzuwendendes System mit 24 Klassen. Die Ordnung der Pflanzen beruhte in diesem sogenannten Sexualsystem auf der Anzahl und Anlage der Staubfäden und Samenanlagen.

Linnés Erkenntnisse stellten die Leistungen seiner Zeitgenossen im Bereich der Botanik, wie beispielsweise jene des Universalgelehrten **Albrecht von Haller** (1708–1777), in den Schatten. Der Berner Arzt und Naturforscher berücksichtigte pionierhaft Fundort und Ökologie der gesammelten Pflanzen und nutzte sein umfangreiches Herbarium zum Vergleich der Arten und als Vorlage für Abbildungen in seinen botanischen Werken.

Ein künstliches System wie jenes von Linné konnte jedoch nur ein praktisches Arbeitsinstrument sein. Erst durch das Aufkommen der Evolutionstheorie wurde es durch ein brauchbares natürliches System abgelöst; dieses beruht auf der Verwandtschaft der Arten. Heute dominiert ein natürliches System zur Einteilung der Pflanzen, es existieren jedoch immer noch voneinander abweichende Modelle. Neben morphologischen Merkmalen werden heute auch molekularbiologische Erkenntnisse genutzt. Dies führt einerseits zu Neuerungen, andererseits aber auch zu einer Stabilisierung der Pflanzensystematik.

LINNAEUS *(Carl von Linné), Ölgemälde um 1735 von Martin Hoffmann. Linné trägt eine Lappentracht (mit Frauenmütze!) und hält in seiner Hand das nach ihm benannte Moosglöckchen* LINNAEA.

DIE BEDEUTUNG DER HERBARIEN

Während Herbarien bei Platter noch primär ästhetische Sammlung und einfache Bestimmungshilfe waren, wurden sie in den folgenden Jahrhunderten immer mehr zu Instrumenten wissenschaftlicher Untersuchungen. Ab der zweiten Hälfte des 18. Jahrhunderts wurde damit begonnen, die gesammelten Pflanzen mit ergänzenden Angaben zu versehen. Für die moderne Wissenschaft sind Informationen wie Fundort, Sammler, Fundzeit und ökologische Eigenschaften des Lebensraums unentbehrlich. Bei den Forschungsreisen des 19. Jahrhunderts war das Herbarium wichtigstes Instrument für Pflanzenfunde. Bis heute müssen neu entdeckte Arten mit einem Herbarbeleg, dem sogenannten Typus, belegt werden.

Herbarien sind für die Wissenschaft auch heute noch zentral. Sie dienen unter anderem dem vergleichenden Studium von Pflanzen, der Analyse der Verbreitungsgebiete, der Veränderung des Lebensraumes oder des Artenrückgangs. Forscher können die Entwicklung der Fertilität von Pollen zurückverfolgen oder aus kleinsten Blattproben eingelagerte Stoffe, wie Schwermetalle, isolieren. Selbst die Erbsubstanz lässt sich noch aus bis zu 200 Jahre alten Belegen gewinnen. Viele Universitäten, Museen und Botanische Gärten arbeiten mit Herbarien. Die größten Herbar-Sammlungen befinden sich in Paris, New York, St. Petersburg und London. An fünfter Stelle folgt Genf mit rund 6 Millionen Herbarbelegen.

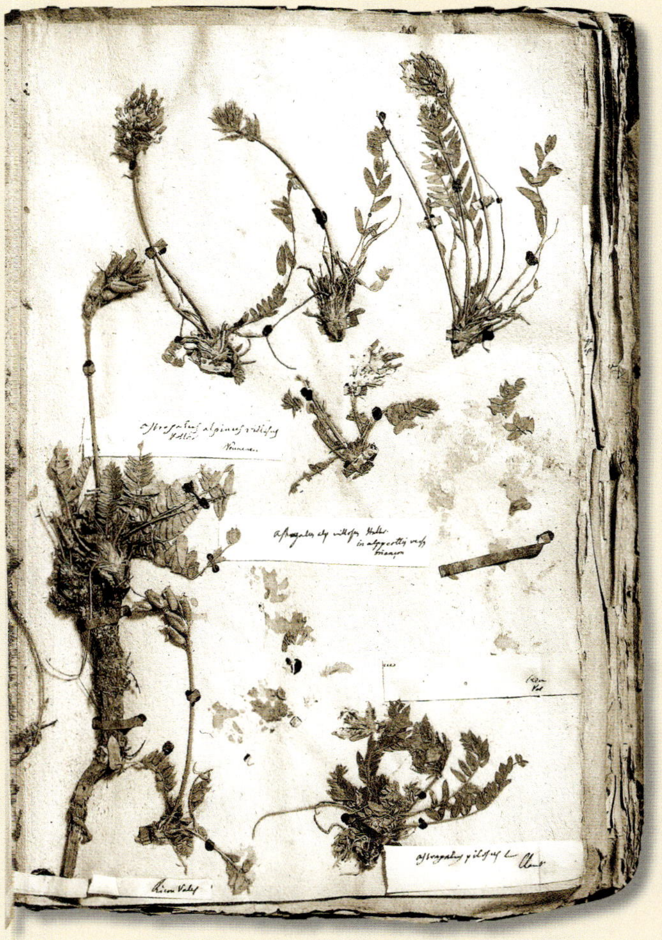

ASTRAGALUS ALPINUS VILLOSUS. *Herbarbogen mit Hallers Spitzkiel* (OXYTROPIS HALLERI) *aus dem Herbarium Albrecht von Hallers, Band XV. Haller hat diese Art als erster entdeckt und beschrieben. Er berücksichtigte pionierhaft Fundort und Ökologie der Arten und nutzte das Herbarium auch für Illustrationen.*

Alexander von Humboldt (1769–1859), Ölgemälde, 1808 von Friedrich Georg Weitsch. Der deutsche Naturforscher beim Herbarisieren in Südamerika.

In der Schweiz gibt es eine floristische Zentralstelle, die alle Hinweise zu den wild wachsenden Pflanzen sammelt: **Info Flora**. Alle bekannten Fundorte der verschiedenen Arten werden hier erfasst und online zugänglich gemacht (www.infoflora.ch). Als Grundlage dienen sowohl Herbarbelege als auch neue Fundmeldungen. Info Flora bietet eine Fülle von Informationen über einheimische Pflanzen und deren Lebensräume. Sie verwaltet den Verbreitungsatlas der Schweizer Flora, liefert Daten für den Naturschutz, bearbeitet speziell gefährdete Pflanzen, beobachtet invasive Neophyten und stellt Forschung und Allgemeinheit die aktuell über 4 Millionen Fundangaben umfassende Datenbank zur Verfügung.

***Botaniker im Urwald.** In gewissen Regionen unserer Erde ist die Artenvielfalt noch wenig erforscht. Beispielsweise im extrem artenreichen tropischen Regenwald, wo Botaniker wie Scott Mori vom* NEW YORK BOTANICAL GARDEN *Pflanzen sammeln. Zur genauen Bestimmung und als Dokumentation werden Herbarbelege angelegt. Wird eine Pflanze erstmalig wissenschaftlich beschrieben, handelt es sich um einen «Typus-Beleg». Dieser dient als Referenz für diese Art und beherbergt auch ihren genetischen Fingerabdruck.*

QUELLEN

DILG, Peter (2007): Zum Wandel der Pflanzenkunde in der frühen Neuzeit. In: *Lebenswissen – Eine Einführung in die Geschichte der Biologie*. Rangsdorf: Natur & Text in Brandenburg, S. 74–99

JAHN, Ilse (Hrsg.) (1998): *Geschichte der Biologie*. 3. Auflage. Stuttgart, Jena, New York: Gustav Fischer Verlag

LIENHARD, Luc (2005): «La machine botanique». Zur Entstehung von Hallers Flora der Schweiz. Kapitel 15 in: *Hallers Netz – Ein europäischer Gelehrtenbriefwechsel zur Zeit der Aufklärung*. Basel: Schwabe, S. 371–410 (Bd. IX aus Studia Halleriana)

LÖTSCHER, Valentin (1975): *Felix Platter und seine Familie*. 153. Neujahrsblatt. Basel: Gesellschaft für das Gute und Gemeinnützige

MÄGDEFRAU, Karl (1992): *Geschichte der Botanik – Leben und Leistung großer Forscher*. 2. Auflage. Stuttgart, Jena, New York: Gustav Fischer Verlag

MAGNIN-GONZE, Joëlle (2009): *Histoire de la botanique*. 2. Auflage. Paris: Delachaux et Niestle

MIESCHER-HIS, Friedrich (1860): *Die Medizinische Fakultät in Basel und ihr Aufschwung unter F. Plater und C. Bauhin, mit dem Lebensbilde von Felix Plater: zur 4. Säcularfeier der Univ. Basel, 6. Sept. 1860 im Auftrage der Medizinischen Facultät*. Basel: Schweizerbart

REEDS, Karen Meier (1991): *Botany in Medieval and Renaissance Universities*. New York & London: Garland Publishing, Inc.

RYTZ, Walther (1933): *Das Herbarium Felix Platters – ein Beitrag zur Geschichte der Botanik des XVI. Jahrhunderts*. Separatabdruck aus der Naturforschenden Gesellschaft in Basel, Band XLIV, 1. Teil. Basel: E. Birkhäuser

STAFLEU, Frans A. (1987): Die Geschichte der Herbarien. In: *Botanische Jahrbücher für Systematik, Pflanzengeschichte und Pflanzengeographie*. Bd. 108, Heft 2/3. S. 155–166

SCHNEIDER, Heinz (2005): *Kleine Geschichte des Botanischen Gartens*. [URL: http://pages. unibas.ch/botgarten/pdf/chronik_bg_basel.pdf] (Zugriff 19.01.2012)

Das Herbarium des Felix Platter

Pflanzenkunde war zu Platters Zeit nur Teil der medizinischen Lehre. Sie interessierte ihn sehr, auch wenn er dazu keine Publikationen verfasste. Felix Platter sammelte Pflanzen zu wissenschaftlichen Zwecken, pflegte ein umfassendes Herbarium und eigene Gärten mit vielen speziellen und exotischen Pflanzen.

Felix Platter, Radierung von Abel Stimmer (1758). Aus: Felix Platter: De corporis humani structura et usu. *Basel, 1583. Neben Verzierungen, die zum Anatomiewerk passen, hat es im Porträtrahmen am oberen Rand auch einige Blumen.*

DIE HERBARBÄNDE

Walther Rytz (1882–1966), Professor für Botanik an der Universität Bern, fand 1930 auf dem Dachboden des Botanischen Instituts (heute: Institut für Pflanzenwissenschaften) neun in grünes Pergament gebundene Herbarbände. Rasch erkannte er deren Alter und dass es sich dabei um einen veritablen Schatz handelte. In der Folge untersuchte er die Bände akribisch und ging ihrer Geschichte auf den Grund. Seine Erkenntnisse publizierte er 1933. Er konnte nachweisen, dass die im Herbarium enthaltenen Pflanzen und Illustrationen aus dem Besitz von Felix Platter stammen und dass einige Zeichnungen

→ *Walther Rytz, Botanikprofessor und Wiederentdecker der Platter-Herbarien.*

Ansicht aller Bände, die im Besitz der Burgerbibliothek Bern sind.

daraus Originale des Straßburger Malers Hans Weiditz dem Jüngeren (um 1495–1536) sind. Für eine Faksimile-Ausgabe ausgewählter Weiditz-Zeichnungen, die Walther Rytz 1936 publizierte, entfernte er einige der Illustrationen aus Platters Herbarbänden und montierte sie neu. In diesem Zustand befinden sich die betreffenden Zeichnungen heute noch.

Das von Walther Rytz wiederentdeckte Herbarium bildet den größten noch erhaltenen Teil von Felix Platters Nachlass. Jeder Band enthält etwa 100 Pflanzenarten. Die gepresste Pflanze wird darin meist auf der rechten Seite gezeigt, während auf der gegenüberliegenden linken Seite eine passende Illustration eingeklebt wurde. Eine Ausnahme bildet der neunte Band, in dem ausschließlich schwarzweiße Holzschnitte gezeigt werden (in alphabetischer Reihenfolge nach dem lateinischen Pflanzennamen).

Das Botanische Institut der Universität Bern, Neubau am Altenberg von 1861. Hier wurden die Teile von Platters Pflanzensammlung aus dem Besitz von Samuel Wyttenbach bis 1984 aufbewahrt.

Platters botanisches Interesse ging über die unmittelbar medizinisch relevanten Pflanzen hinaus; er fand alle Pflanzen ganz grundsätzlich hochinteressant und sammelte deshalb neben exotischen auch gewöhnliche und unscheinbare Gewächse. In Platters acht erhaltenen Herbarbänden befinden sich insgesamt 813 Pflanzenarten. Aufgerechnet auf den ursprünglich 18-bändigen Umfang seines Herbariums muss er also die für die damalige Zeit beachtliche Anzahl von etwa 1800 Pflanzen gesammelt und fein säuberlich aufbewahrt haben. Sein Herbarium ist nicht nur eine Sammlung einzelner Arten, sondern sollte botanisch-wissenschaftlichen Ansprüchen genügen. Dies zeigt sich zum Beispiel in der Anordnung der Pflanzen, die sauber nach Artengruppen in zwölf *libri* mit verschiedenen *sectiones* gegliedert ist. Platter folgt damit der damals ganz neu geschaffenen systematischen Ordnung von Caspar Bauhin, welche dieser später auch in seinem *Pinax theatri botanici* verwendete.

Flos solis minor, *Topinambur* (Helianthus tuberosus). ***Der Verwandte der Sonnenblume aus Nord- und Mittelamerika kam erst 1610 als «Indianerkartoffel» nach Europa. Platter muss also einer der ersten Besitzer dieser Nutzpflanze in der alten Welt gewesen sein.***
(Signatur Burgerbibliothek: ES_70_6_151)

Die Herkunft der Pflanzen in Platters Herbarium ist sehr unterschiedlich. Es gibt Hinweise, dass einige von ihm selber während seiner Studienzeit in Montpellier gesammelt wurden. Andere stammen aus seinem Garten in Basel, aus der Umgebung von Basel, aus den Alpen und aus fremden Ländern, die Platter selber nicht besucht hatte. Die exotischen Vertreter – besonders interessant waren natürlich diejenigen aus der neuen Welt – hatte Platter in der Regel von Bekannten als Samen erhalten und selbst zu fruchtenden Pflanzen gezogen. Darunter sind so bemerkenswerte Gewächse wie Topinambur, Tulpen und Mais, die überhaupt erst seit dem 16. Jahrhundert in Europa kultiviert wurden. Deren älteste Belege liegen möglicherweise in Platters Herbarium vor. Vereinzelt sind neben dem Artnamen Hinweise wie «Montpellier», «Michelfelden» (bei Basel), «vom Pilatus» oder «aus meinem Garten» zu finden. Der genaue Fundort, der Sammler und weitere Angaben fehlen; zu Platters Zeit schrieb man diese Informationen noch nicht systematisch zu den Herbarbelegen. Erst im Laufe des 18. Jahrhunderts erkannte man, wie wichtig es ist, Fundort und Lebensraum zu notieren.

Gegen Ende seines Lebens erweiterte Felix Platter seine Pflanzensammlung vermutlich im Rahmen einer Neuorganisation, indem er ihnen jeweils eine Abbildung gegenüberstellte. Diese Abbildungen waren entweder Druckgrafiken (oft koloriert) oder kolorierte Zeichnungen (Aquarelle).

Die Herbarbände sind sich äußerlich alle ähnlich. Ihre Maße betragen jeweils rund 40–41 cm in der Höhe und 30–31 cm in der Breite; in der Dicke variieren sie mit 6,9 cm bis 9,7 cm. Alle Bände weisen feste Pappdeckel und, im Gegensatz zum Abbildungsband, einen geraden Rücken auf. Dieser ist über ineinander verdrehte Lederstreifen mit dem Buchblock verbunden. Diese dekorative Einbandtechnik wird «tacketed binding» genannt, eine Technik, die oftmals auch zum temporären Zusammenhalt von Buchinhalten verwendet wurde. Die Einbände sind mit grün bemalten Pergamentfragmenten bezogen und alle mit einer ähnlichen Blindprägung eines vierteiligen Eichel-Musters verziert.

Die Einbände der Abbildungsbände gleichen äußerlich den Herbarbänden. Sie wurden jedoch anders

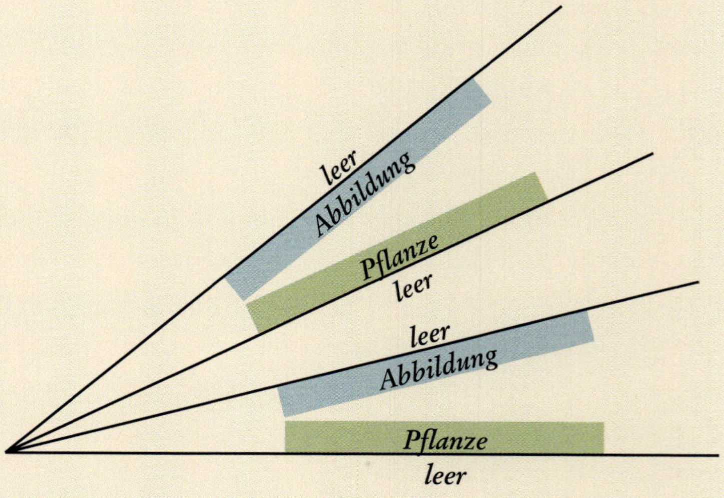

Schematische Darstellung des Buchblockaufbaus der Platter-Herbarien.

Ansicht des Vorderschnittes, verziert mit roten und grünen Farbsprenkeln.

eingebunden: Sie haben einen hohlen Rücken und wurden auf fünf Lederbünde geheftet, die durch die Deckel durchgezogen wurden. Anders als bei den Herbarbänden wurde der Buchblockrücken der Abbildungsbände abgeleimt und hinterklebt. Die Blindprägung ist hier rein ornamental und zeigt keine Eicheln.

Der Buchblock der Herbarbände ist grundsätzlich immer gleich aufgebaut: Die Pflanzen und Abbildungen sind auf einzelnen Bogen montiert; Ausnahmen bilden einige Abbildungen, die direkt aufgemalt wurden. Die Anzahl Pflanzen resp. Abbildungen pro Bogen variiert hingegen: Oft wird von einer Art nur ein Exemplar präsentiert, es gibt aber auch Bogen, die mehrere Abbildungen und Pflanzen der gleichen (oder vermeintlich gleichen) Art zeigen. Fast immer wird die Abbildung links *(verso)* und das getrocknete Exemplar rechts *(recto)* präsentiert. Auf eine solche Doppelseite folgt dann stets eine leere Doppelseite, bevor dann wiederum eine Doppelseite mit Abbildungen und Pflanzen folgt. Zuweilen kommt es aber auch vor, dass zu einer Abbildung keine Pflanze eingeklebt wurde oder umgekehrt.

DIE PFLANZEN

Die im Herbarium präsentierten Pflanzen wurden unter Druck getrocknet und mit Klebstoff ganzflächig aufgeklebt. Diese Methode war zu Platters Zeit üblich; auch andere Herbarien wurden damals so angelegt. Auch wenn sie ihre Schwächen hat, so ist diese Methode für den Zweck des Herbariums doch sinnvoll gewählt: Wären die Pflanzenblätter nur durch Fälzchen montiert worden, so hätte die Gefahr bestanden, dass die nicht fixierten Bereiche der Pflanzen durch die Bewegung und den entstehenden Luftzug beim Blättern der Seiten abgebrochen wären. Das vollflächige Aufkleben war zuweilen auch aufgrund der dekorativen Drapierung des Herbarmaterials unumgänglich. Die meisten Pflanzen in Platters Herbarbänden sind nämlich nicht am Stück eingeklebt worden, sondern aus einzelnen, sorgsam zusammengefügten Teilen. Diese gehören zwar in der Regel vermutlich zur selben Pflanze, sind aber zuvor zum Trocknen auseinander genommen worden. Bei Pflanzen mit mehreren Ästchen ist diese Vorgehensweise leicht nachvollziehbar, da sie beim Trocknen leicht abfallen. Sie ist allerdings auch Ausgangspunkt für verschiedene Fehler beim nachträglichen Aufkleben, beispielsweise dann, wenn «Zweige an Stellen eingefügt [und] Blätter an andere hingeklebt wurden, wo in Wirklichkeit keine solchen vorzukommen pflegen, oder, wie bei der Tulipa, die Staubblätter verkehrt der Blüte wieder einverleibt wurde», wie Rytz 1933 in seiner Beschreibung von Platters Herbarbänden bemerkt. Verschiedene Pflanzen bieten einen besonderen gestalterischen Genuss, da die einzeln gepressten Teile, etwa Blütenblätter, Stängel und Blätter, mit viel Aufwand wieder neu zusammengesetzt wurden. Dies geschah nicht unbedingt nach botanischen Gegebenheiten, sondern danach, ein optisch ansprechendes Bild zu erhalten, das der Erscheinung der lebenden Pflanze nahekommt.

Mit dicken Pflanzenteilen wie Knollen oder Zwiebeln und Früchten ist Platter auf ähnliche Art und Weise umgegangen: Er hat oft nur die sichtbaren Teile des Pflanzenteils gepresst und optisch dem natürlichen Erscheinungsbild angepasst, so zum Beispiel nur die äußerste Schicht der Hülsenfrucht, der Pfefferschote oder der Zwiebelschalen.

Sonnenblume (HELIANTHUS ANNUUS). *Die Pflanze wurde zum Pressen in Einzelteile zerlegt, der Fruchtboden reduziert und für den Beleg wieder zusammengeklebt.*
(Signatur Burgerbibliothek: ES_70_6_155)

Links: Weinberg-Tulpe (TULIPA SYLVESTRIS), *rechts eine nicht mit Sicherheit zu bestimmende Ziertulpe. Von der Zwiebel wurde jeweils nur die Schale in Zwiebelform gepresst, eventuell zugeschnitten und eingeklebt.*
(Signatur Burgerbibliothek: ES_70_2_107)

Teilweise ergänzte Platter auch getrocknete Belege mit pflanzlichem Material anderer Arten. So hat er etwa ein an der Spitze abgebrochenes Pflanzenblatt mit der Blattspitze einer anderen Art wieder «vervollständigt». Bei einigen blauen Blüten, zum Beispiel von Glockenblumen, die beim Pressen und Trocknen verbräunen, hat er mit einem besonderen Trick die Farbe erhalten: Er hat die Blütenglocken aus farbstabilen Rittersporn-Blütenblättern rekonstruiert!

Die von Platter gewählten Maßnahmen hatten primär das Ziel, dem Abbild der Pflanze in der Natur in Farbe und Erscheinungsbild gerecht zu werden, auch wenn dabei die natürlichen Gegebenheiten nicht immer originalgetreu wiedergegeben wurden. Dabei war es auch wichtig, eine ästhetisch ansprechende Gestaltung präsentieren zu können. Platter hat teilweise gar die Ausrichtung einer Pflanze der entsprechenden, gegenüberliegenden Abbildung angepasst, sodass sich eine optisch einheitliche Betrachtung von Pflanze und Abbildung ergibt (im Abbildungsteil bei der Berg-Flockenblume deutlich zu sehen).

Bei den Schoten des Spanischen Pfeffers (Capsicum annuum) *wurde nur jeweils eine Hälfte gepresst und aufgeklebt. (Signatur Burgerbibliothek: ES_70_3_211)*

Eine Blattspitze der Berg-Flockenblume (Centaurea montana) *wurde mit einer anderen ergänzt. (Signatur Burgerbibliothek: ES_70_6_119)*

Alle diese Punkte zeigen, dass Platters Herbarium (genauso wie auch andere Herbarien seiner Zeit) noch nicht dem Zweck von heutigen Herbarien entsprachen. Sie dienten als Nachschlagewerk, die es dem Betrachter ermöglichen sollten, in der Natur Pflanzen anhand der Herbarbelege erkennen und benennen zu können. Informationen zum genauen Aufbau der Pflanze und ihrer Teile oder zu ökologischen und biogeografischen Besonderheiten standen hingegen nicht im Vordergrund.

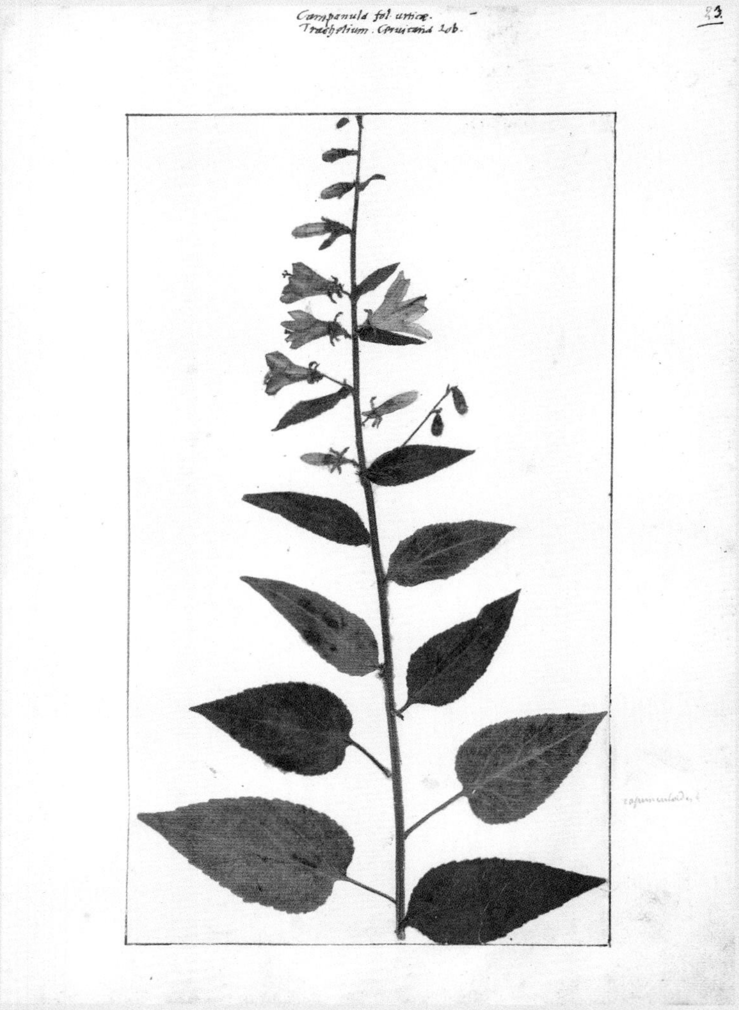

Die Acker-Glockenblume (Campanula rapunculoides). *Rechts eine Originalblüte, welche beim Pressen ihre blaue Farbe verloren hat. Die anderen Blüten wurden mit zurechtgeschnittenen Rittersporn-Blütenblättern rekonstruiert. Noch nach über 400 Jahren ist ihre blaue Farbe erhalten.*
(Signatur Burgerbibliothek: ES_70_3_091)

DIE HOLZSCHNITTE

Die meisten Abbildungen in den Herbarbänden sind Holzschnitte, die oft koloriert worden sind. Die insgesamt 650 Holzschnitte (und ein Kupferstich) in den acht erhaltenen Herbarien stammen zum größten Teil aus verschiedenen Kräuterbüchern, die zu Platters Zeit veröffentlicht worden sind. Die Holzschnitte hat er meist rechteckig ausgeschnitten und in seine Herbarbände eingeklebt. In diesen sowie im Abbildungsband befinden sich aber auch interessante Probedrucke, die für die Fortsetzung des Kräuterbuches von Leonhart Fuchs vorgesehen waren. Die Probedrucke sind durch den unsorgfältigen Druck auf teilweise stark fleckig verbräuntes Papier leicht von den Illustrationen aus publizierten Kräuterbüchern zu unterscheiden. Fuchs plante, ein umfangreiches Werk mit der enormen Anzahl von 1100 Pflanzenabbildungen herauszubringen. Zu Lebzeiten gelang ihm dies jedoch nicht, und auch das Bestreben seiner Nachkommen, dieses Werk noch zu vollenden, blieb erfolglos.

CYNOGLOSSUM *(Gewöhnliche Hundszunge –* CYNOGLOSSUM OFFICINALE*). Das Original, aquarellierte Federzeichnung, 1529 von Hans Weiditz d. J. aus dem Herbarium von Felix Platter. Der Druck, Holzschnitt, 1530 aus: Otto Brunfels:* HERBARUM VIVAE EICONES, *Band 1, S. 175. Die Vorlage kam im Druck seitenverkehrt zu liegen. Platter hat wohl aus allen Kräuterbüchern seiner Zeit Illustrationen für seine Sammlung verwendet, nur auf das Werk von Brunfels konnte er verzichten, da er ja die Originalbilder besaß.*
(Signatur Burgerbibliothek: ES_70_5_206)

DIE ABBILDUNGEN VON HANS WEIDITZ

Die Wiederentdeckung von Platters Herbarium in den 30er-Jahren des 20. Jahrhunderts war nicht nur aufgrund des Alters der Sammlung und der darin erhaltenen getrockneten Pflanzen eine Sensation, sondern auch wegen der Abbildungen. Von besonderer Bedeutung sind dabei die kolorierten Zeichnungen von Hans Weiditz dem Jüngeren (um 1495–1536). Felix Platter konnte 1565 einen Teil von Conrad Gessners Nachlass erwerben, wahrscheinlich waren unter den Illustrationen auch diese Zeichnungen. Neben der großen Naturtreue sind sie auch deshalb bedeutend, da sie als Vorlage für den Druck der Pflanzenillustrationen des berühmten Kräuterbuchs von Otto Brunfels *Herbarum vivae eicones* dienten.

In Platters acht erhaltenen Herbarbänden befinden sich kolorierte Weiditz-Zeichnungen zu 79 Arten. Bei einer genauen Betrachtung fällt auf, dass sie nicht in einem Stück aufgeklebt worden sind, sondern zunächst den Konturen entlang ausgeschnitten und dann neu zusammengefügt wieder montiert wurden. Die fehlenden Bereiche wurden anschließend direkt auf dem Trägerpapier ergänzt. Die Ergänzungen der Fehlstellen hat vermutlich Platter selbst vorgenommen. Sie erfolgten sehr sorgfältig und sind meist nicht auf den ersten Blick zu erkennen. Die Farben unterscheiden sich zum Teil aber deutlich von der Weiditz-Zeichnung, insbesondere die Grüntöne.

Das spätere Ausschneiden, Zerschneiden und Ergänzen der Weiditz-Zeichnungen durch Platter geschah nicht böswillig oder zufällig, sondern war durchaus sinnvoll und lässt sich folgendermaßen erklären: Weiditz hatte die teuren Papierbogen oft beidseitig bemalt. Die Pflanzenabbildungen befinden sich daher sowohl auf den Vorder- wie auch auf den Rückseiten einzelner Papierbögen. Da Platter die Illustrationen von Vorder- und Rückseite in sein Herbarium integrieren wollte, schnitt er die Abbildungen möglichst eng aus, was dennoch jeweils auf der Rückseite zu Fehlstellen führte. Diese Fehlstellen hat Platter daher ergänzen müssen, was er sehr gekonnt getan hat.

Eine Weiditz-Abbildung des Mauerpfeffers, die zerschnitten und ergänzt wurde. Die Ergänzung ist heller als die Weiditz-Abbildung selbst.
(Signatur Burgerbibliothek: ES_70_6_274)

Die kolorierten Federzeichnungen von Hans Weiditz sind aus künstlerischer und botanisch-historischer Sicht eine Sensation. Die Pflanzen sind direkt nach der Natur gemalt, unvoreingenommen, sehr exakt und ohne Beschönigung. Leonardo Da Vinci und Albrecht Dürer waren Pioniere dieser Art von Naturdarstellungen. Weiditz wird denn auch der Dürer-Schule zugeordnet, er gehörte zum engen Kreis hochrangiger Illustratoren seiner Zeit.

Zeichnung von Hans Weiditz vom Rübsen (BRASSICA RAPA). *Walther Rytz hat diese aus Platters Herbarium entfernt.*
(Signatur Burgerbibliothek: ES_71_20b_1_recto)

*Rückseite der Rübsen-Zeichnung mit Teilen des Weizen-Aquarells (*TRITICUM *sp.).*
(Signatur Burgerbibliothek: ES_71_20b_1_verso)

Zerschnittene Teile der Weizen-Abbildung, von Walther Rytz aus dem Herbarium entfernt.
(Signatur Burgerbibliothek: ES_71_20b_2_verso)

Herbarseite, von der links die Abbildungsteile des Weizens entfernt wurden. Zurück bleiben die direkt ergänzten Teile (z. B. die Ähre). Rechts der kolorierte Holzschnitt des Weizens von Leonhart Fuchs.
(Signatur Burgerbibliothek: ES_70_1_304)

DIE AQUARELLE UNBEKANNTER MALER

Felix Platter hat neben den eingeklebten Weiditz-Abbildungen und den meist kolorierten Drucken aus Kräuterbüchern manche Pflanze von verschiedenen Künstlern auch gleich direkt auf die eingebundenen Papierbögen seiner Herbarbände malen lassen. Diese Aquarelle sind von unterschiedlicher Qualität. Obwohl sie immer gekonnt und dekorativ sind, fallen sie in Feinheit und Detailtreue gegenüber denjenigen von Hans Weiditz eindeutig ab. Vermutlich sind die Aquarelle von drei unterschiedlichen Künstlern erstellt worden. Wer diese Künstler waren, ist nicht klar, weshalb es einige Spekulationen über deren Identität gibt. In Frage kommt **Hans Hug Kluber** (um 1535/36–1578), der für Felix Platter tätig war, **Hans Bock der Ältere** (um 1550–1624) und der Glasmaler **Hieronymus Vischer,** der die Matrikelillustrationen angefertigt hatte. Ein weiterer möglicher Urheber ist aber natürlich auch **Felix Platter** selbst. So ist überliefert, dass er einen «Paradiesvogel» gemalt haben soll und diesen in seine Vogelbildersammlung integrierte. Sicher ist, dass den Urhebern dieser Aquarelle die Wiedergabe aller botanisch relevanten Merkmale wichtig war. Das zeigt sich auch darin, dass weiße Blüten oft farbig (meist rosarot) hinterlegt wurden, um sie vom hellen Papier abzuheben und damit auf deren weiße Farbe deutlich hinzuweisen. Der farbige Hintergrund diente auch dazu, die Blüten plastischer wirken zu lassen, eine Technik, die zu Platters Zeit auch gerne bei kolorierten Holzschnitten angewendet wurde.

Schneeglöckchen (GALANTHUS NIVALIS), *dessen Blüte rosarot hinterlegt wurde. Zur plastischen Darstellung wurde die Pflanze schattiert.*
(Signatur Burgerbibliothek: ES_70_2_098)

EINE RÄTSELHAFTE ZEICHNUNG

Eine Illustration in Platters Herbarium gibt weitere Rätsel auf: Es handelt sich dabei um eine Tintenzeichnung der aus Amerika stammenden und damals in Europa erst gerade eingeführten Sonnenblume. Die Zeichnung wurde von Platter mit dem Namen des Urhebers beschriftet – hier mit «Matthioli». Wer aber ist dieser Matthioli? Ein plausibler Kandidat ist Pierandrea Mattioli (1500–1577, auch: Pietro Andrea Mattioli), ein Arzt und Botaniker aus Siena. Mattioli hat verschiedene Kräuterbücher publiziert und darin auch die Sonnenblume gezeigt. Die Zeichentechnik lässt auf eine Vorlage für einen Holzschnitt schließen. Ein entsprechender Druck nach dieser Tintenzeichnung konnte jedoch in seinen Werken nirgends gefunden werden. Der Urheber dieser Zeichnung ist also ungeklärt, und ebenso ist unbekannt, wie sie in Platters Sammlung gekommen ist.

Die Tintenzeichnung einer Sonnenblume (HELIANTHUS ANNUUS), *offenbar von Pierandrea Mattioli, sofern Platters Beschriftung stimmt.*
(Signatur Burgerbibliothek: ES_70_6_154)

DIE BESCHRIFTUNG DER HERBARBÖGEN

Die Herbarbelege und die dazugehörigen Abbildungen wurden meistens von Felix Platter selbst beschriftet; daneben konnten aber auch verschiedene andere Schriften festgestellt werden. So sind beispielsweise die Probedrucke, von Fuchs als Abbildungen für das erwähnte, nie veröffentlichte große Pflanzenbuch vorgesehen, von Platters Halbbruder Thomas beschriftet worden. Neben Ergänzungen von unbekannter Hand konnten auch Beschriftungen von Caspar Bauhin, dem Schüler Platters, identifiziert werden. Auffallend ist zudem, dass bei einigen Pflanzen des Herbariums, meist unten rechts, ein zweiteiliger, linnéischer Pflanzenname steht. Diese Ergänzung stammt vom Besitzer der Sammlung im 19. Jahrhundert, dem Berner Pfarrer und Naturforscher **Jakob Samuel Wyttenbach** (1748–1830).

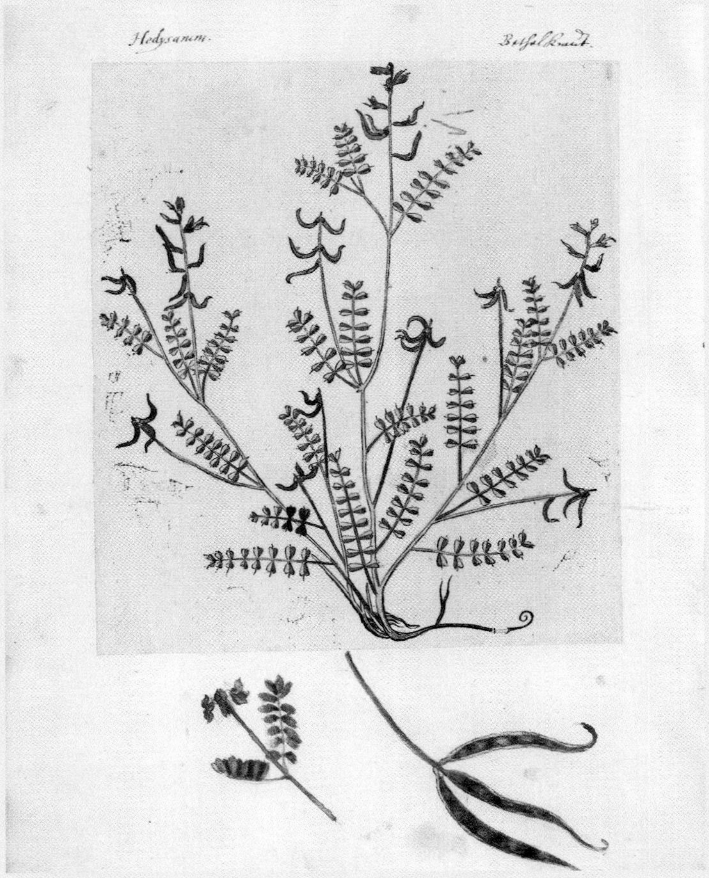

HEDYSARUM/*Bethelkraut. Holzschnitt koloriert, Probedruck für die Fortsetzung des Kräuterbuches von Leonhart Fuchs, beschriftet von Thomas Platter dem Jüngeren. Unten: Aquarellierte Federzeichnung von Hans Weiditz dem Jüngeren.*
(Signatur Burgerbibliothek: ES_70_7_278)

DIE DATIERUNG

Durchwachsenblättriger Bitterling (BLACKSTONIA PERFOLIATA). *Die Beschriftung oben und die Pflanze unten sind beschnitten.*
(Signatur Burgerbibliothek: ES_70_6_175)

Platter hatte das Pressen von Pflanzen in Montpellier gelernt. Somit könnten die Anfänge seines Herbariums auf den Beginn seiner Studienzeit in Montpellier im Jahr 1552 zurückgehen. Den ältesten datierten Beleg gibt es allerdings «erst» für das Jahr 1554: Bei einer Pflanze im Herbarium ist die handschriftliche Notiz «Montpellier» und «1554» zu lesen.

Das Alter des Papiers lässt sich in der Regel leicht datieren, wenn es mit einem Wasserzeichen versehen ist, das nur während einer bestimmten Zeitspanne verwendet wurde. Bei Platters Herbarium ist dies möglich: Das älteste Wasserzeichen auf Bögen mit Pflanzenbelegen stammt aus dem Jahr 1556.

Schaut man sich die Beschriftung der Herbarpflanzen und Abbildungen an, so sieht man, dass Platters Herbarium über eine lange Zeitspanne entstanden ist; es ist da nämlich sowohl seine jugendliche Studentenschrift als auch seine spätere Altersschrift zu erkennen. Diese Erkenntnisse sowie Berichte von Besuchern seines Kabinetts zeigen, dass Platter seine Belegsammlung während seines ganzen Lebens stetig erweiterte.

Bei der Durchsicht der Herbarien fällt eine weitere Besonderheit auf: Viele Pflanzenbeschriftungen sind nicht vollständig erhalten, sondern – meist oben – beschnitten. Auch die gepressten Pflanzen und direkt ins Herbarium gemalten Aquarelle sind teilweise an den Rändern beschnitten. Sprenkel der Buchschnittverzierung (Sprengschnitt) wurden zudem auf Pflanzen und eingeklebten Abbildungen festgestellt. Auch wurden zuweilen beim Zusammensetzen der Papierbogen im Falz einzelne Pflanzenteile überklebt. Diese Befunde machen allesamt deutlich, dass die Herbarbelege erst gebunden wurden, als der Inhalt bereits fertig gestellt worden war. Aber wann sind sie denn genau gebunden worden?

Allein aufgrund einer Untersuchung der Einbände und deren Gestaltung kann kein eindeutiges Herstellungsdatum festgestellt werden, da es sich bei den Einbänden mit ihren schlichten Verzierungen um Produkte handelt, welche sowohl während der Renaissance als auch in der Zeit danach hätten hergestellt werden können. Auch die Bindetechnik und die zum Einfärben des Überzugpergaments verwendeten Pigmente lassen keine näheren Rückschlüsse auf das genaue Bindedatum zu. In den Herbarien wurden Papiere verschiedenen Alters verwendet, das jüngste ist frühestens auf das Jahr 1603 zu datieren. So müssen die Herbarbände nach 1603 gebunden worden sein. Mit Sicherheit steht fest, dass die Herbarbände um das Jahr 1622 in der heutigen Buchform vorlagen. Als Beweis dafür gilt das Hauptbuch von Thomas Platter dem Jüngeren, welches im Jahr 1615 begonnen wurde und ein «Inventarium unndt Register über mein D. T. Platters ligendt Unndt fahrende Haab unndt Güetter wie sie anfangs 1622 Jahrs wahren» enthält. Auf Blatt 507 spricht er von «Lebendig Kreüterbuch auf der einen seiten die lebendigen auf der anderen die Illuminierten Kreüter in 18 Tomis.»; Thomas Platter der Jüngere verweist hier also auf ein 18-bändiges Herbarium, welches dem heutigen Erscheinungsbild entspricht. Diese Hinweise machen deutlich, dass Platter sein Herbarium erst gegen Ende seines Lebens in der heutigen Erscheinungsform hergestellt hat. Zuvor hatte er die Pflanzen- und Abbildungssammlung anders geordnet, möglicherweise gebunden in Bücher mit Abbildungen und in Herbarbände, die die Pflanzenbelege enthielten.

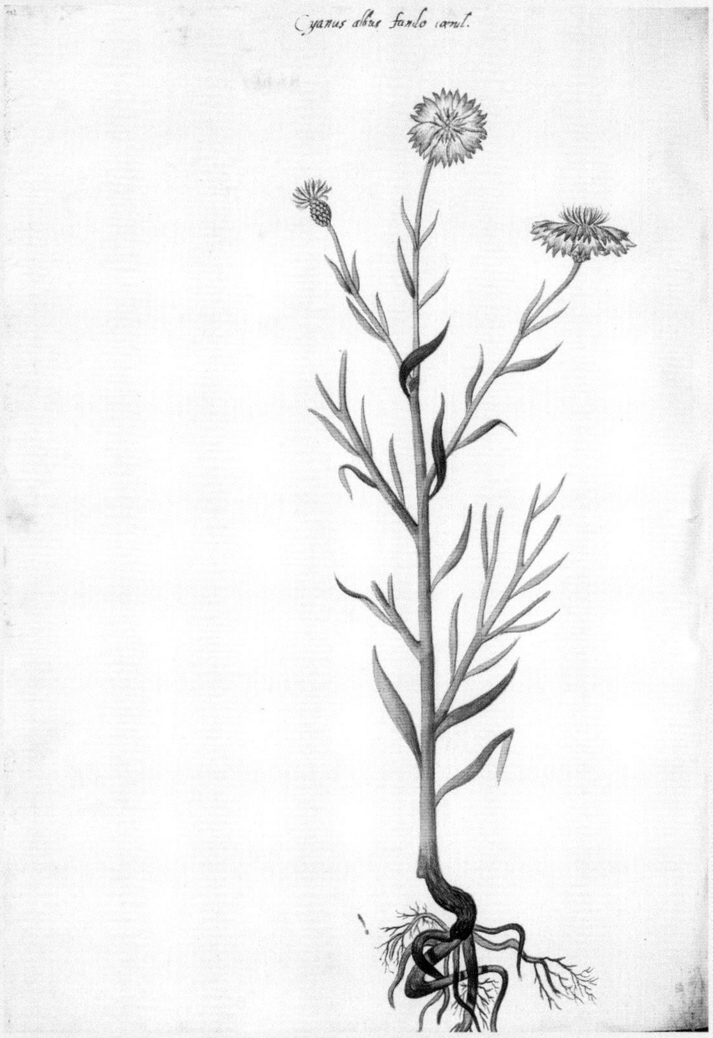

Aquarell einer Kornblume (CENTAUREA CYANUS), ***Künstler unbekannt, unten beschnitten.***
(Signatur Burgerbibliothek: ES_70_6_102)

QUELLEN

LANDOLT, Elisabeth (1972): Materialien zu Felix Platter als Sammler und Kunstfreund. In: *Basler Zeitschrift für Geschichte und Altertumskunde*. Bd. 72, S. 245–306

LÖTSCHER, Valentin (1975): *Felix Platter und seine Familie.* 153. Neujahrsblatt. Basel: Gesellschaft für das Gute und Gemeinnützige

SKERLAK, Vladimir (1989): *Felix Platter und seine Zeit – Eine Ausstellung zu seinem 450. Geburtstag*. Basel: Medizinische Fakultät der Universität Basel (Inauguraldissertation)

RYTZ, Walther (1933): *Das Herbarium Felix Platters – ein Beitrag zur Geschichte der Botanik des XVI. Jahrhunderts.* Separatabdruck aus der Naturforschenden Gesellschaft in Basel, Band XLIV, 1. Teil. Basel: E. Birkhäuser

RYTZ, Walther (1936): *Pflanzenaquarelle des Hans Weiditz aus dem Jahre* 1529. Bern: Verlag Paul Haupt, Akadem. Buchhandlung

REEDS, Karen Meier (1991): *Botany in Medieval and Renaissance Universities.* New York & London: Garland Publishing, Inc.

LUTZ, Markus (1826): *Geschichte der Universität Basel – Von ihrer Gründung bis zu ihrer neuesten Umgestaltung.* Aarau: J.J. Christen

MIESCHER-HIS, Friedrich (1860): *Die Medizinische Fakultät in Basel und ihr Aufschwung unter F. Plater und C. Bauhin, mit dem Lebensbilde von Felix Plater: zur 4. Säcularfeier der Univ. Basel, 6. Sept.* 1860 *im Auftrage der Medizinischen Facultät.* Basel: Schweizerbart

Herbarseiten

Welsch bernklaw.
XXIX.

Acanthus
Branca Vrsina.
Viva ex horto Plat: A° 93.
49.

Kalmus.
A corum verum.

Acorus verus 1.
401
100
Acorus Calamus. Linn.

Adianthum nigrum. Schwartz Frauwenhaar.

Capillaris 1. Adianthum
Capillus Veneris Off.
5.
Adianthum Capillus Veneris. Linn.

Aloe ex America.

Gesneri.

Lobelii

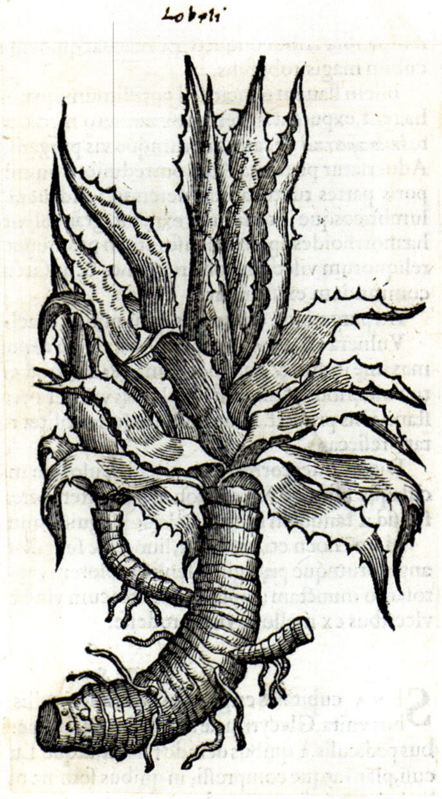

Theodori.

Cyperus papyrus. Linn.

Doppelseite 54/55

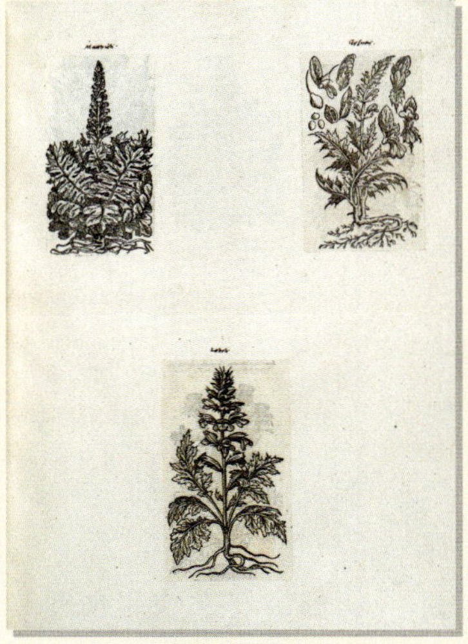

Der Wahre Bärenklau *(Acanthus mollis)* gehört zur Familie der Akanthusgewächse in der Ordnung der Lippenblütlerartigen. Er ist ein Beispiel aus Platters Band 49 mit vorwiegend distelartigen Korbblütern und blütenlosen Pflanzen wie Farnen, Schachtelhalmen, Bärlappen, Flechten und Moosen. Platter hat die Pflanze wohl wegen des distelartigen Aspektes in diesen Band eingeordnet.
Links: Kolorierter Holzschnitt aus dem deutschsprachigen Kräuterbuch von Leonhard Fuchs (1543), der Name «Welsch bernklaw» ist mitgedruckt.
Mitte: Auch in Platters Band 8, dem letzten noch erhaltenen von ursprünglich 24 Abbildungsbänden mit ausschließlich schwarz-weißen Abbildungen aus Kräuterbüchern, ist der Akanthus zu finden.
Rechts: Gepresste Pflanze von Platter mit «*Acanthus/ Branca ursina*» beschriftet. Die auch Akanthus oder Weicher Bärenklau genannte Pflanze stammt aus dem westlichen bis zentralen Mittelmeerraum. In klimatisch günstigen Regionen wird sie in Mitteleuropa als Zierpflanze gezogen. Auch Platter hatte den Akanthus im Garten, denn er schrieb zur gepressten Pflanze «*viva ex horto Platero*» (lebend aus Platters Garten). Die Art ist nicht verwandt mit dem ebenfalls Bärenklau genannten einheimischen Doldenblütler. In der Antike war das Akanthusblatt als Ornament beliebt. Zu Platters Zeit wurde die Pflanze auch *Branca ursina* (Bärenpranke) genannt, da ihr medizinisch Bärenkräfte zugeschrieben wurden. Noch heute findet sie bei Darmbeschwerden und als Wundheilmittel Verwendung. (Signatur Burgerbibliothek: ES. 70.8 S. 198,199 und ES 70.9 S. 091)

Doppelseite 56/57

Der Kalmus *(Acorus calamus)* gehört zur Familie der Kalmusgewächse aus der Klasse der Einkeimblättrigen (Lilienähnlichen). Er ist ein Beispiel aus Platters Band 32 mit Gräsern (inkl. Getreiden) und anderen Lilienähnlichen.
Links: Holzschnitt, koloriert aus Pietro Andrea Mattioli 1558ff. Der aufgedruckte Name «Kalmus»/*Acorum verum* weist auf eine deutschsprachige Ausgabe des oft aufgelegten Kräuterbuches des italienischen Arztes und Botanikers Mattioli hin.

Rechts: Von Felix Platter oben mit *Acorus verus* beschriftete, gepresste Pflanze mit kolbenartigem Blütenstand. Unten rechts der zweiteilige Name nach Linné, im 19. Jahrhundert von Jakob Samuel Wyttenbach hinzugefügt.
Die Sumpfpflanze Kalmus stammt aus dem südöstlichen Asien. In Europa siedelte sie sich erst zu Platters Zeit an und wurde auch in Ägypten und Nordamerika eingebürgert. Die traditionelle Heilpflanze mit zahlreichen Namen wie Ackerwurz, Gewürzkalmus, Kaninchenwurz, Karremanswurzel, Magenbrand, Magenwurz, Rotting, Schwertheu, Würtzriedt und Zehrwurz gilt als kräftigend, appetitanregend, aphrodisierend und ist Bestandteil von Coca-Cola.
(Signatur Burgerbibliothek: ES 70.1 S. 400, 401)

Doppelseite 58/59

Der Frauenhaarfarn *(Adianthum capillus-veneris)* ist ein Vertreter der blütenlosen Gefäßpflanzen der Klasse der Echten Farne. Ein Beispiel aus Platters Band 49 mit blütenlosen Pflanzen wie Farnen, Schachtelhalmen, Bärlappen, Flechten und Moosen, aber auch mit distelartigen Korbblütern.

Links: Kolorierter Holzschnitt, Probedruck für die Fortsetzung des Kräuterbuches von Leonhart Fuchs (1543), von Thomas Platter dem Jüngeren mit *Adianthum nigrum,* «Schwarz Frawenhaar» beschriftet.

Rechts: Gepresste Pflanze von Platter als *Capillaris* 1./ *Adianthum/Capillus Veneris officinalis* überschrieben. Der auch Venushaar genannte, zierliche Farn ist weltweit in frostfreien Regionen verbreitet, als einziger Vertreter der Gattung in Europa kommt er vorwiegend im Mittelmeerraum an feuchten Kalkfelsen vor. In Mitteleuropa ist er eine beliebte Zimmerpflanze. Für Platter war die noch heute als Hustenmittel verwendete Pflanze eine gesuchte Rarität.

(Signatur Burgerbibliothek: ES 70.8 S. 18, 19)

Doppelseite 60/61

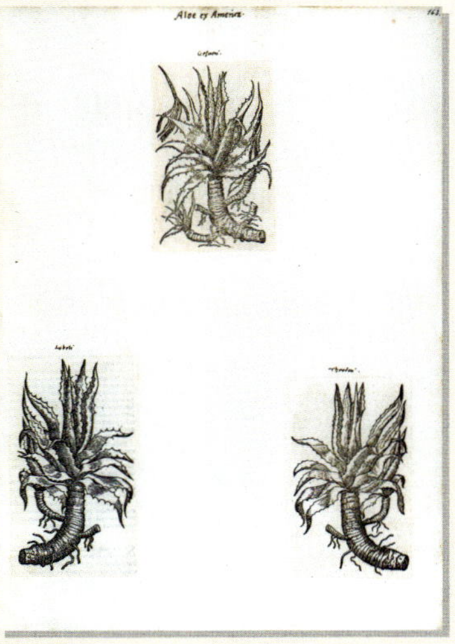

Die Amerikanische Agave *(Agave americana)* gehört zur Familie der Spargelgewächse aus der Klasse der Einkeimblättrigen (Lilienähnlichen). Sie ist ein Beispiel aus Platters Band 32 mit Gräsern (inkl. Getreiden) und anderen Lilienähnlichen. Es fehlt eine Abbildung der Pflanze, in Band 8 sind aber schwarz-weiße Holzschnitte davon zu finden.

Links: *Aloe ex America,* Holzschnitte aus Platters Band 8, von ihm angeschrieben, alle sehr ähnlich, aber aus verschiedenen Kräuterbüchern (Gessner 1586ff, Lobelius 1576ff, Theodorus 1588).

Rechts: Gepresste Pflanzenteile von Felix Platter oben mit *Papyrus,* unten rechts im 19. Jahrhundert von Jakob Samuel Wyttenbach mit *Cyperus papyrus* beschriftet. Walther Rytz konnte 1933 nachweisen, dass die papierartig präparierten Pflanzenteile oben von einer Agave und unten von einer unbekannten Palmenart stammen und nicht aus Echtem Papyrus aus Zyperngräsern hergestellt wurden. Platter beschriftete das obere Pflanzenpapier als aus Brasilien und das untere von einer Palme stammend. Agaven stammen aus den Vereinigten Staaten und Mexiko, in frostfreiem Klima werden sie heute weltweit kultiviert. Die Amerikanische Agave ist eine der größten der etwa 200 Agave-Arten, sie wurde Mitte des 16. Jahrhunderts nach Europa gebracht. Platter besaß also eine seltene Neuheit.

(Signatur Burgerbibliothek: ES 70.9 S. 325, 70.1 S. 301)

Porrum.
Allium Porrum. Linn.

Alliū sativū.
Alliū sylvestre. 45.

Amaranthus maior.

Amaranthus maior.
81
19.

Sedū Alp. 5ū Clusij in Pānonias

Sedum folio aiugæ alpinū 19.
72.
Saxifraga
Sedum alpinū Clusij v. folio gramineo. 17.

Meußörlin.

CCCXLIIII.

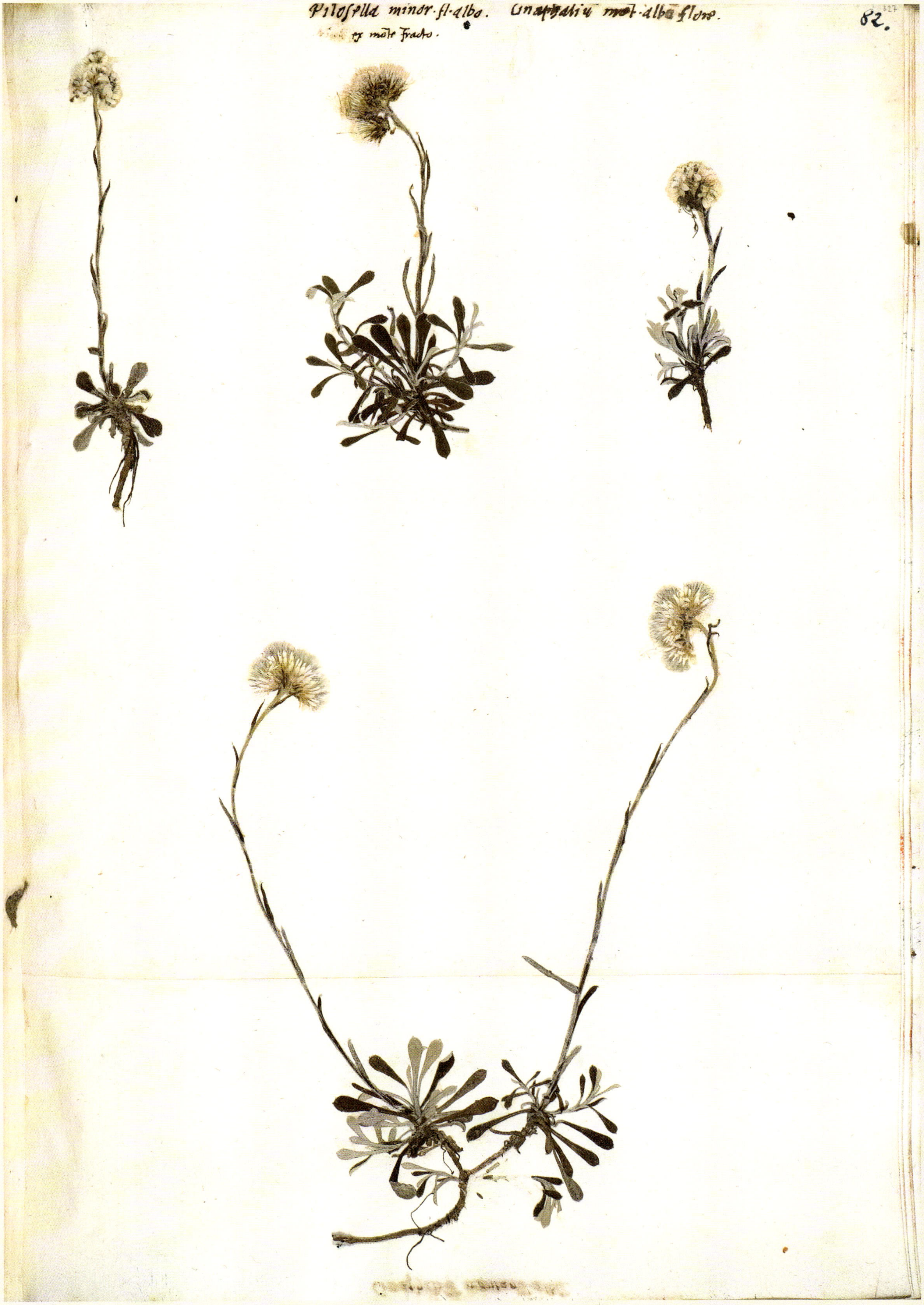
Pilosella minor fl. albo.
82.
ex mote Fracto.

Doppelseite 64/65

Der Gemeine Lauch oder Gemüse-Lauch *(Allium porrum)* gehört zur Familie der Amaryllisgewächse aus der Klasse der Einkeimblättrigen (Lilienähnlichen). Er ist ein Beispiel aus Platters Band 33, dem zweiten Band der Lilienähnlichen. Er umfasst die eigentlichen Lilien, Narzissen, Lauchgewächse und die Orchideen.
Links: Aquarellierte Federzeichnung von Hans Weiditz, von Felix Platter oben mit *Porrum* und unten rechts im 19. Jahrhundert von Jakob Samuel Wyttenbach mit *Allium porrum* beschriftet. Die Zeichnung einer eher kleinwüchsigen Pflanze ist so präzise, dass Wyttenbach sie genau zuordnen konnte.
Rechts: Von Felix Platter mit *Allium sativum* und *Allium sylvestre* überschriebene, gepresste Pflanzen von Lauch-Wildarten, die nicht eindeutig bestimmt werden können.
Der Gemeine Lauch wird als Gemüse im Mittelmeerraum schon seit über 4000 Jahren kultiviert und gelangte im Mittelalter über Italien nach Mitteleuropa. Vorher waren hier aber schon die etwa zehn einheimischen Laucharten, darunter der Bärlauch, als Gewürz- und Heilmittel gebräuchlich.
(Signatur Burgerbibliothek: ES 70.2 S. 174, 179)

Doppelseite 66/67

Der Rispen-Fuchsschwanz *(Amaranthus cruentus)* ist ein Vertreter der Familie der Fuchsschwanzgewächse der Ordnung der Nelkenartigen. Er ist ein Beispiel aus Platters Band 35, der außer den Fuchsschwanzgewächsen andere Arten mit unscheinbaren Blüten und einige Kreuz- und Korbblütler enthält.
Links: Kolorierter Holzschnitt, Probedruck für die Fortsetzung des Kräuterbuches von Leonhart Fuchs, von Thomas Platter dem Jüngeren mit *Amaranthus maior* beschriftet.
Rechts: Gepresste Pflanze, von Platter mit *Amaranthus maior* angeschrieben.
Die auch Färberamarant genannte Art stammt ursprünglich aus Südamerika, wurde aber schon früh auch in Mittelamerika eingebürgert. Die Pflanze wird wie andere Amarant-Arten gegessen. Ebenso findet sie als Färberpflanze, speziell von Lebensmitteln, Verwendung. Die südamerikanischen Amarant-Arten kamen wohl mit dem Mais schon mit Kolumbus nach Europa, wo sie heute als Unkraut vor allem in Maisfeldern bekämpft werden. Der Amarant mit dem attraktiven roten Blütenstand wurde von Platter sicher als spezielle, neuweltliche Zierpflanze gezogen; Fuchsschwänze wurden später zu typischen Bauerngarten-Pflanzen.
(Signatur Burgerbibliothek: ES 70.4 S. 080, 081)

Doppelseite 68/69

Der Milchweiße Mannsschild *(Androsace lactaea)* ist ein Vertreter der Familie der Primelgewächse in der Ordnung der Heidekrautartigen. Er ist ein Beispiel aus Platters Band 43 mit einem Teil der Korbblütler, Dickblatt-, Karden-, Eisenkraut- und einigen Hahnenfußgewächsen. Platter hat die Art bei den Dickblattgewächsen *(Sedum)* eingeordnet.

Links: Oben: Aquarell des Mannsschildes eines unbekannten Meisters; unten: Aquarell des Scharfen Berufkrautes *(Erigeron acris)* von Weiditz, die Seite mit *Sedum alpinum* überschrieben.

Rechts: Gepresste Pflanzen, oben ein Mannsschild-Steinbrech von Platter als *Sedum folio ajugae alpinum* bezeichnet, unten der Milchweiße Mannschild als *Sedum alpinum Clusii v. folio gramineo* beschriftet.

Der Milchweiße Mannsschild wächst vorwiegend subalpin auf Kalkfelsen und steinigen Rasen in Mittel- und Südeuropa. Der Gattungsname ist wohl auf die dichten, halbkugeligen Polster der alpinen Vertreter zurückzuführen. Die kleinen alpinen und subalpinen Arten von Steinbrech, Fetthenne und Mannsschild sind in der Wuchsform oft ähnlich; Platter hat diese alle der Gattung *Sedum* zugeordnet. Erst die genaue Untersuchung der Blüte und der Früchte ermöglichte später eine Zuordnung zu drei verschiedenen Familien (Steinbrech-, Dickblatt- und Primelgewächse).

(Signatur Burgerbibliothek: ES 70.6 S. 286, 287)

Doppelseite 70/71

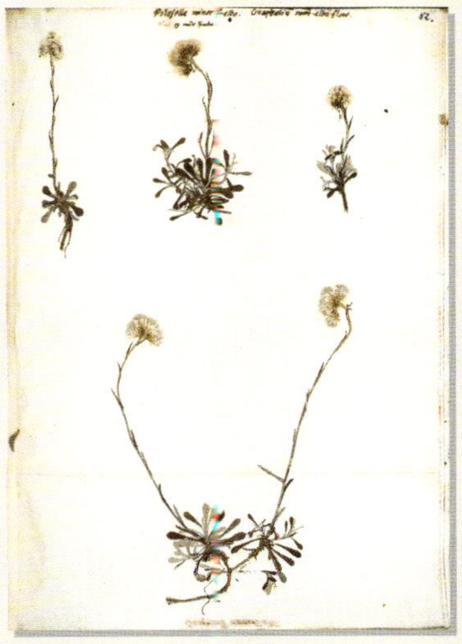

Das Gewöhnliche Katzenpfötchen *(Antennaria dioica)* gehört zur Familie der Korbblütler aus der Ordnung der Asterartigen. Es ist ein Beispiel aus Platters Band 42 mit den Raublattgewächsen, Korbblütlern und einigen Nelkengewächsen.

Links: Kolorierter Holzschnitt aus dem Kräuterbuch von Leonhart Fuchs von 1543, gedruckt der Name «Meussörlin». Der Kolorierende hat sich bei der Blütenfarbe – in der Natur weiß bis rosa – ein bisschen vergriffen.

Mitte: Platters Pflanzensammlung enthält nicht nur großformatige Abbildungen; auf einer weiteren Seite ist zu der gleichen Art – hier *Pilosella minor Fuchsii* genannt – der kleine Holzschnitt aus Dalechampius 1586 zu finden.

Rechts: *Gnaphalium montanum albo flore/Pilosella minor flore albo.* Gepresste Pflanzen von Platter beschriftet und ergänzt mit *ex monte Fracto* (vom Berg Pilatus). Es handelt sich dabei um eine der wenigen, damals unüblichen Fundortangaben in Platters Herbarium.

Die weiche, filzige Behaarung und die pfotenartig gedrängten Teilblütenstände haben dieser Art den Namen Katzenpfötchen eingebracht. Die Pflanze ist eurasiatisch verbreitet, bei uns eine typische Art der Jura-und Alpenweiden. Nicht ganz so wertvoll wie das nah verwandte Edelweiß *(Leontopodium alpinum)*, wurde die Art zu Platters Zeit bei Luftwegs- und Gallenerkrankungen verwendet.

(Signatur Burgerbibliothek: ES 70.5 S. 322, 326, 327)

660
RAPHANVS
SYLVESTRIS.
Merretich.

Raphanus rusticanus.
Raphanis seu Radicula magna. Dod.
12.
47
Cochlearia
Armoracia. Linn.

ASPARAGVS
Spargen.

Asparagus.

Lythospermu anchuse facie. 56

Lithospermum officinale. Linn.

Weisser Mangolt.
Beta alba.

Betæ foliū maximū

Doppelseite 74/75

Der Meerrettich *(Armoracia rusticana)* gehört zu den Kreuzblütlern (Kohlgewächsen). Er ist ein Beispiel aus Platters Band 34, der ausschließlich Kreuzblütengewächse enthält.

Links: Kolorierter Holzschnitt aus der deutschen Ausgabe des Kräuterbuches von Leonhart Fuchs von 1543, gedruckt der Name *Raphanus sylvestris* und «Merretich». Der Holzschnitt zeigt beispielhaft, wie versucht wurde, den schematischen Druck mit Farben plastischer zu machen.

Rechts: Gepresste Pflanze von Platter mit *Raphanus rusticanus/Raphanis seu Radicula magna* beschriftet, was so viel wie «Bauern- oder Großwurzel-Rettich» bedeutet. Ergänzt wurde von Jakob Samuel Wyttenbach der lateinische Name im 19. Jahrhundert: *Cochlearia Armoracia.*

Zur Familie der Kreuzblütler zählen viele wichtige Kulturpflanzen wie Rüben, Randen, Raps und Senf. Der ursprünglich aus Südosteuropa stammende Meerrettich wurde in Mitteleuropa seit dem Mittelalter angebaut, zuerst aber nur als Heilmittel genutzt. Der deutsche Name bezieht sich auf die stattliche Größe und die vielen Verwendungsmöglichkeiten, auch als scharfes Würzmittel («mehr») und nicht auf eine Herkunft (vom «Meer»).

(Signatur Burgerbibliothek: ES 70.3 S. 046, 047)

Doppelseite 76/77

Der Gemüsespargel *(Asparagus officinalis)* ist namensgebend für die Familie der Spargelgewächse aus der Klasse der Einkeimblättrigen (Lilienähnlichen). Er ist ein Beispiel aus Platters Band 49 mit eigentlich vorwiegend distelartigen Korbblütern und blütenlosen Pflanzen wie Farnen, Schachtelhalmen, Bärlappen, Flechten und Moosen. Platters Einordnung entspricht also nicht der heutigen Systematik.

Links: Kolorierter Holzschnitt aus der deutschen Ausgabe des Kräuterbuches von Leonhart Fuchs von 1543, gedruckt der Name *Asparagus*/«Spargen».

Rechts: Sehr sorgfältig gepresste Pflanze mit Früchten, von Platter mit Asparagus beschriftet.

Gemüsespargeln stammen ursprünglich aus dem östlichen Mittelmeerraum. Als Gemüse und Heilpflanze seit der Antike genutzt, wurden Pflanzen von den Römern über die Alpen gebracht und hier als Zierpflanze kultiviert. Platter hat vielleicht gar nie Spargeln gegessen, da die Art in Mitteleuropa erst im 16. Jahrhundert als Delikatess-Gemüse wiederentdeckt wurde. In der Schweiz kommt die Art heute an klimatisch günstigen Orten auch wild vor.

(Signatur Burgerbibliothek: ES 70.8 S. 346, 347)

Doppelseite 78/79

Der Blaurote Steinsame *(Aegonychon purpurocaeruleum)* wird den Raublatt- oder Borretschgewächsen der Ordnung der Asternartigen zugeordnet. Er ist ein Beispiel aus Platters Band 42 mit den Raublattgewächsen, Korbblütlern und einigen Nelkengewächsen.
Links: Das Aquarell eines unbekannten Künstlers, nicht beschriftet, ist ein Beispiel einer Illustration, die direkt auf den Bogen im gebundenen Herbarium gemalt und nicht ausgeschnitten und eingeklebt wurde.
Rechts: Gepresste Pflanze, oben von Platter mit *Lythospermum anchusae facie* und unten rechts von Jakob Samuel Wyttenbach im 19. Jahrhundert mit *Lithospermum officinale* beschriftet.
Die südeuropäisch-westasiatisch verbreitete, kalkliebende Art trockenwarmer Wälder hat beim Aufblühen rotviolette und später tiefblaue Blüten. Möglicherweise werden mit dem Farbwechsel ihre Bestäuber (Wildbienen und Hummeln) zum je optimalen Zeitpunkt angelockt. Der deutsche Name «Steinsame», Übersetzung der alten Gattungsbezeichnung *Lithospermum*, geht auf die Frucht mit vier sehr harten, porzellanartig glänzenden Samen zurück.
(Signatur Burgerbibliothek: ES 70.5 S. 222, 223)

Doppelseite 80/81

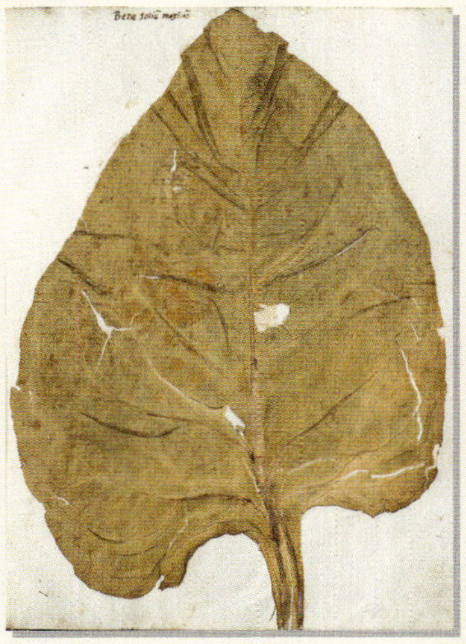

Die Rübe *(Beta vulgaris)* gehört zur Familie der Fuchsschwanzgewächse. Sie ist ein Beispiel aus Platters Band 35, der außer den Fuchsschwanzgewächsen andere Arten mit unscheinbaren Blüten und einige Kreuz- und Korbblütler enthält.
Links: Kolorierter Holzschnitt aus der deutschen Ausgabe des Kräuterbuches von Leonhard Fuchs von 1543, mit «Weisser Mangolt» beschriftet.
Rechts: Gepresstes Einzelblatt der Pflanze, von Platter mit *Beta folium maximum* überschrieben.
Die Wildformen der Rübe kommen an den Meeresküsten Westeuropas und vom Mittelmeer bis nach Indien vor. Aus diesen wurden viele Kulturformen wie Schnitt- und Stiel-Mangold, Zuckerrübe, Futterrübe und Rote Beete gezüchtet. Aus der Jungsteinzeit ist die Rübe als Nahrungsmittel überliefert, in der Antike waren verschiedene Sorten bekannt. Zu Platters Zeit wurde entdeckt, dass aus den fleischigen Wurzeln der Art ein süßer Sirup gewonnen werden kann. Die Zuckerproduktion gelang aber erst zu Beginn des 19. Jahrhunderts nach der Züchtung der Zuckerrübe.
(Signatur Burgerbibliothek: ES 70.4 S. 62, 63)

Rapunculus esculentus. 16.

Campanula Rapunculus. Linn.

Arundo indica. Canna Indica. florida.
73.
Canna indica

Capparis.
Kappres.

Cappares fol. rotundo.
27.
Capparis Spinosa. Linn.

Bursa pastoris

Bursa pastoris. maior
77.
Bursa pastoris
Thlaspi Bursa pastoris.

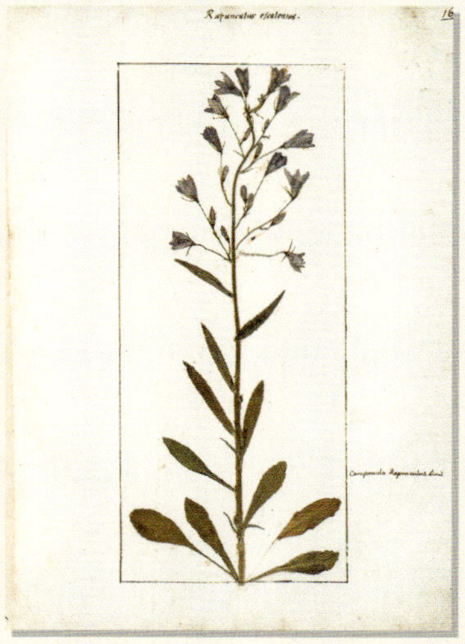

Doppelseite 84/85

Die Rapunzel-Glockenblume *(Campanula rapunculus)* gehört zur Familie der Glockenblumengewächse. Sie ist ein Beispiel aus Platters Band 34 mit vorwiegend Kreuzblütengewächsen und einigen Glockenblumen.
Links: Aquarellierte Federzeichnung von Weiditz, von Walther Rytz für eine Publikation ausgewählter Aquarelle 1936 sorgfältig aus dem Herbarium herausgetrennt und auf einen separaten Bogen aufgezogen.
Rechts: Gepresste Pflanze, von Platter mit *Rapunculus esculentus* überschrieben, unten rechts der von Wyttenbach ergänzte Name *Campanula Rapunculus.*

Die Rapunzel-Glockenblume ist eine bis 1 m hohe Wiesenblume, die von Südeuropa bis Skandinavien und in Nordwestafrika, Sibirien und Nordwestasien vorkommt. Der von Platter vergebene Artname *esculentus* (= essbar) deutet auf die Nutzung der verdickten Wurzeln hin. Die Art wurde deshalb auch in Gärten kultiviert. Die verlockenden Rapunzel-Pflanzen im gleichnamigen Grimm-Märchen könnten durchaus dieses Gemüse meinen und nicht den Feldsalat, der auch Rapunzel genannt wird. Glockenblumen-Blüten verlieren beim Pressen ihre schöne hellblaue Farbe und werden unansehnlich braun. Platter hat deshalb die Blüten seiner Rapunzel-Glockenblume mit Blütenblättern vom Rittersporn nachgebildet. Diese sind noch heute, nach über 400 Jahren, hellblau gefärbt.
(Signatur Burgerbibliothek: ES 70.3 S. 63, ES 71.10)

Doppelseite 86/87

Das Indische Blumenrohr *(Canna indica)* ist namensgebend für die Familie der Blumenrohrgewächse der Ordnung der Ingwerartigen der Einkeimblättrigen (Lilienähnlichen). Es ist ein Beispiel aus Platters Band 32 mit Gräsern (inkl. Getreiden) und anderen Lilienähnlichen.
Links: Aquarell eines unbekannten Künstlers, nicht beschriftet, direkt auf den Buchbogen gemalt und nach dem Binden beschnitten.

Rechts: Von Platter mit *Arundo indica/Canna indica* und der Herkunft *Florida* bezeichnete, gepresste Pflanze. Unten rechts aus dem 19. Jahrhundert die Beschriftung durch Jakob Samuel Wyttenbach. Das große Blatt wurde beweglich eingeklebt, man sieht den Abdruck rechts.
Die Gattung Canna umfasst etwa 10 Arten, die ihre natürliche Verbreitung in subtropischen und tropischen Gebieten der Neuen Welt *(Neotropis)* haben. Das Indische Blumenrohr ist die wichtigste Art und als Zier- und Nahrungspflanze gebräuchlich. Der Name ist auf den Irrtum ihres «Entdeckers», sich in West-Indien zu wähnen, zurückzuführen. Aus der Karibik, und scheinbar auch aus Florida, wurde das Blumenrohr ab 1570 nach Europa eingeführt. Sie ist die neueste, direkt eingeführte Zierpflanze in Platters Herbarium.
(Signatur Burgerbibliothek: ES 70.1 S. 290, 291)

Doppelseite 88/89

Der Echte oder Dornige Kapernstrauch *(Capparis spinosa)* gehört zur Familie der Kaperngewächse der Ordnung der Kreuzblütlerartigen. Er ist ein Beispiel aus Platters Band 48 mit vorwiegend Schmetterlingsblütlern und einigen Rötegewächsen.

Links: Der eingeklebte Holzschnitt ist ein kolorierter Probedruck für die Fortsetzung des Kräuterbuches von Leonhart Fuchs, das aber nie realisiert wurde. Die Illustration wurde von Platters Bruder Thomas mit *Capparis/ Cappres* überschrieben.

Rechts: Gepresste Pflanze, von Felix Platter mit *Capparis folio rotundo* beschriftet. Unten rechts die Ergänzung *Capparis spinosa* von Jakob Samuel Wyttenbach aus dem 19. Jahrhundert.

Der vor allem im Mittelmeerraum heimische Kapernstrauch wird seit der Antike als Kochzutat, Heilmittel und Aphrodisiakum verwendet. Die klassischen Kapern sind die geschlossenen Blütenknospen des Strauches, die gesalzen und in Essig eingelegt werden. Es können jedoch auch die eingelegten Blätter und Früchte verzehrt werden. (Signatur Burgerbibliothek: ES 70.7 S. 106, 107)

Doppelseite 90/91

Das Gewöhnliche Hirtentäschel *(Capsella bursa-pastoris)* ist ein Vertreter der Kreuzblütler (Kohlgewächse). Es ist ein Beispiel aus Platters Band 34 mit ausschließlich Kreuzblütengewächsen.

Links: Ausgeschnittene und eingeklebte, aquarellierte Federzeichnung von Hans Weiditz, beschriftet von Platter mit *Bursa pastoris*.

Rechts: Gepresste Pflanze, ursprünglich auf kleinerem Bogen aufgezogen, von Platter mit *Bursa pastoris* beschriftet. Später wurde der Bogen in das Buch eingeklebt und mit Rahmenlinie verziert, und oben mit dem Namen *Bursa pastoris maior* versehen.

Das Gemeine Hirtentäschel stammt wohl ursprünglich aus Südeuropa und Westasien, heute ist es eine weltweit verbreitete Art. Die Pflanze wächst häufig an offenen Stellen, ist eine sogenannte Ruderalpflanze. Ihre Früchte erinnern mit der Herzform an die früher bei Hirten gebräuchlichen Taschen. In der Volksmedizin ist das Kraut seit dem 15. Jahrhundert als Blutstiller bekannt, wofür es heute noch verwendet wird.
(Signatur Burgerbibliothek: ES 70.3 S. 306, 307)

Piperis Indici differentiæ
Caspari Bauhini
114
Piper rotūdum maius Surrectum.
Piper oblongum erectū maius pyramidale.
Piper mino pyra midale erectum.
Piper cordatum Surrectum maius.
Piper cordatū minus Surrectū.
Piper longum maius Surrectum.
Piper oblongū exiguū erectū pyramidale.
Piper erectū min. pyramidale.
Piper oblongū recuruis Siliquis.
Piper longū min. Siliquis recuruis.
Piper cū Siliqua lata ac rugosa.
Piper bifurcata Siliqua.
Piper cordatum.
Piper cū Siliqua Oliuaria.
Piper cum Siliqua rotunda cerasorum modo.
Piper Siliqua flaua.
Piper longū Siliquis luteis
Piper vulgatissima.

Capsicū oblongum.
Piper Indicū.

53

Capsicum annuum. Linn.

Flos cuculi.
Cardamine.

60.
Cardamine pratensis. Linn.

Cyanus maior. 30.

Centaurea montana

Bonus Henricus.

Lapathū unctuosū s. Tota bona, seu Bonus Henricus.
5

Doppelseite 94/95

Spanischer Pfeffer oder Paprika *(Capsicum annuum)* gehört zur Familie der Nachtschattengewächse. Er ist ein Beispiel aus Platters Band 34 mit vorwiegend Kreuzblütengewächsen und einigen Glockenblumen.
Links: Kolorierter Kupferstich unbekannter Herkunft mit 19 Paprika-Sorten, überschrieben mit *Piperis indici differentia Caspari Bauhini*.
Mitte: Kolorierter Holzschnitt aus Leonhart Fuchs Kräuterbuch von 1543 mit der gleichen Sorte wie Platters Pflanze.

Rechts: Gepresste Pflanze mit Früchten, von Platter mit *Capsicum oblongum/ Piper indicum* beschriftet.
Der Spanische Pfeffer war ursprünglich in Mexiko beheimatet, wurde aber schon früh in Gebiete Nord-Kolumbiens und bis in den Süden der USA verbreitet. Mit Kolumbus gelangten die ersten Pflanzen nach Europa und nach einem Umweg über den Balkan nach Nord- und Mitteleuropa. Die Illustration in Platters Herbar zeigt, dass Anfang des 17. Jahrhunderts schon zahlreiche Sorten bekannt waren (Hinweis auf Caspar Bauhin). Es wird vermutet, dass Paprika damals vorwiegend als Zierpflanze gezogen wurde, in Rezepten taucht die Art erst Ende des 17. Jahrhunderts auf. Sicher wurde aber als Ersatz für den kostbaren «echten» Pfeffer schon früher mit Pfefferschoten auch kulinarisch experimentiert.
(Signatur Burgerbibliothek: ES 70.3 210, 211)

Doppelseite 96/97

Das Wiesenschaumkraut *(Cardamine pratensis)* gehört zu den Kreuzblütlern (Kohlgewächsen). Es ist ein Beispiel aus Platters Band 34 mit ausschließlich Kreuzblütengewächsen.
Links: Ausgeschnittene und in Teilen eingeklebte, aquarellierte Federzeichnung von Hans Weiditz. Die zwei untersten Blüten wurden verdreht angefügt; sie waren wohl gesonderte Einzelfiguren. Der Bogen ist oben von Platter mit *Cardamine/Flos cuculi* beschriftet.

Rechts: Platters Beschriftung der gepressten Pflanze – *Cardamine alter/Nasturtium pratense/Sisymbrium Cardamine alter* – wurde beim Zuschneiden des Buches angeschnitten.
Das auf der ganzen Nordhalbkugel verbreitete Wiesenschaumkraut ist ein in nährstoffreichen, frischen Wiesen auffallender Frühblüher. Der deutsche Name stammt von den an der Pflanze häufigen Schaumnestern, auch «Kuckucksspeichel» oder «Hexenspucke» genannt. Diese stammen von Larven der Schaumzikaden, eine Insektengruppe, die bevorzugt auf dieser Pflanze lebt.
(Signatur Burgerbibliothek: ES 70.3 S. 238. 239)

Doppelseite 98/99

Die Berg-Flockenblume *(Centaurea montana)* ist ein Vertreter der Korbblütler in der Ordnung der Asternartigen. Sie ist ein Beispiel aus Platters Band 43 mit einem Teil der Korbblütler, Dickblatt-, Karden-, Eisenkraut und einigen Hahnenfußgewächsen.

Links: Aquarell eines unbekannten Künstlers, direkt auf den Buchbogen gemalt, nicht beschriftet.

Rechts: Mit *Cyanus maior* von Platter beschriftete und gepresste Pflanze. Auffallend bei diesem Exemplar sind die sorgfältig ausgebreiteten Einzelblüten analog der Illustration.

Die Berg-Flockenblume ist eine Art der Gebirge Mittel- und Südeuropas, aber auch als alte Gartenpflanze anzutreffen. Sie ist die große Schwester der Kornblume, einer früher häufigen Begleitart in Getreidefeldern, die dem Kornblumenblau oder Cyanblau den Namen gibt. Der Gattungsname geht auf die flockig erscheinenden Blütenköpfe zurück.

(Signatur Burgerbibliothek: ES 70.6 S. 118, 119)

Doppelseite 100/101

Guter Heinrich *(Chenopodium bonus-henricus)* wird eine Art der Gänsefüße genannt, die den Fuchsschwanzgewächsen in der Ordnung der Nelkenartigen zugeordnet wird. Er ist ein Beispiel aus Platters Band 35, der außer den Fuchsschwanzgewächsen andere Arten mit unscheinbaren Blüten und einige Kreuz- und Korbblütler enthält.

Links: Die mit *Bonus Henricus* von Platter beschriftete aquarellierte Federzeichnung von Hans Weiditz ist stark zerschnitten, fehlende Teile wurden direkt auf dem Bogen ergänzt.

Rechts: Von Platter mit *Bonus Henricus/Lapathum unctuosum/Tota bona* beschriftete, gepresste Pflanze.

Der «Gute Heinrich» ist eine Pionierpflanze sehr nährstoffreicher Böden mit Verbreitungsschwerpunkt in Mitteleuropa. Die Art wurde als «wilder Spinat» gegessen oder an Schweine verfüttert. Platters Bezeichnung *Tota bona* («Allgute») zeigt die Wertschätzung als Heilkraut. Auch der Name «Heinrich» soll auf eine arzneikundige Legendenfigur zurückgehen.

(Signatur Burgerbibliothek: ES 70.4 S. 024, 025)

679
INTVBVM SYL-
VESTRE.
Wegwart.
ll 4

Cichoriu off: Sylvestre
53.

Lithospermon maius cum fructu. Groß Steinsamen mit d' frücht.
Lithospermũ maius cũ folijs absq; fru

Lithospermū arun: dinaceum B. maig Fr. Lachryma Iobi. 58

Coix Lachryma Jobi.

Cynoglossum.

Cynoglossū cū flore. maius. Syluestre. vulgare Matth.
Cynoglossū sine flore.
52

Gramen fol. aspero. 12
8.
Dactylis glomerata. Linn.

Doppelseite 104/105

Die Gemeine Wegwarte oder Zichorie *(Cichorium intybus)* gehört zu den Korbblütlern in der Ordnung der Asternartigen. Sie ist ein Beispiel aus Platters Band 35 mit vorwiegend Fuchsschwanzgewächsen und anderen Arten mit unscheinbaren Blüten sowie einigen Kreuz- und Korbblütlern.
Links: Kolorierter Holzschnitt aus dem deutschsprachigen Kräuterbuch von Leonhart Fuchs von 1543, der Name *Intybum sylvestre*/«Wegwart» ist mitgedruckt.
Mitte: Zur gleichen Art ist auch eine aquarellierte Zeichnung von Hans Weiditz vorhanden. Diese wurde von Walther Rytz für eine Publikation ausgewählter Aquarelle 1936 sorgfältig aus dem Herbarband entfernt und auf eine Tafel zusammen mit Gartenrettich und kleiner Braunelle aufgezogen.
Rechts: Platter hat die gepresste Pflanze mit *Cichorium officinalis sylvestre* angeschrieben.
Die in Europa, Westasien und Nordwestafrika vorkommende Wegwarte wurde als Heilpflanze schon im Mittelalter geschätzt. Als Zichorie im 19. Jahrhundert auch als Kaffeeersatz kultiviert, ist sie ebenso die Stammpflanze der Chicorée- und Radicchio-Salate. Der deutsche Name stammt von der Legende, dass die Pflanze ein verzaubertes Mädchen sei, das verzweifelt täglich am Wegrand auf die Rückkehr des Geliebten wartet. Die Blüten sind die blauen Augen, diese öffnen sich am Morgen, folgen der Sonne und schließen traurig gegen Mittag. Biologen deuten dieses Verhalten als Anpassung an den Hauptbestäuber, die nur vormittags fliegende Hosenbiene.
(Signatur Burgerbibliothek: ES 70.4 S. 216, 217, ES 71.08)

Doppelseite 106/107

Die Hiobsträne *(Coix lacrima-jobi)* ist eine tropische Getreidepflanze aus der Familie der Süßgräser. Sie ist ein Beispiel aus Platters Band 42 mit den Raublattgewächsen, Korbblütlern und einigen Nelkengewächsen.
Links: Kolorierter Holzschnitt, Probedruck für die Fortsetzung des Kräuterbuches von Leonhart Fuchs, von Thomas Platter dem Jüngeren als *Lithospermon majus cum fructu* «Gross Steinsamen mit Frucht» beschriftet.
Rechts: Gepresste Pflanze, von Platter mit *Lithospermum arundinaceum / Lithospermum maius / Lachryma Iobi* überschrieben.
Die Hiobsträne wächst wild in Ost- und Südasien. Die maisartige Pflanze wird als Futtergras und als Getreide genutzt. Eine besondere Bedeutung haben die harten, porzellanartigen Scheinfrüchte, die als Perlen in Ketten und Rosenkränzen bis heute verwendet werden. Wegen diesen als versteinerte Tränen idealisierten Perlen, auch Christus- oder Marientränen genannt, war die Pflanze schon im Mittelalter auch in Europa bekannt. Die Art wird auch in der traditionellen asiatischen Medizin verwendet; zudem sollen die aus den Perlen gefertigten Ketten Zauberkräfte haben.
(Signatur Burgerbibliothek: ES 70. 5 S. 230, 231)

Doppelseite 108/109

Die Gewöhnliche Hundszunge *(Cynoglossum officinale)* ist ein Vertreter der Raublattgewächse. Sie ist ein Beispiel aus Platters Band 42 mit den Raublattgewächsen, Korbblütlern und einigen Nelkengewächsen.

Links: Aquarellierte Federzeichnung von Weiditz, von Platter mit *Cynoglossum* beschriftet.

Rechts: Gepresste Pflanze, Seite überschrieben mit *Cynoglossum maius sylvestre vulgare.*

Die Gewöhnliche oder Echte Hundszunge ist eine zweijährige, in fast ganz Europa beheimatete Pflanze. Die bis 80 cm hohe Art mit von dunkelviolett zu braunrot wechselnden Blüten, ist zerstreut an sonnigen, eher steinigen Orten wie beispielsweise Wegrändern oder extensiven Weiden zu finden. Auffallend sind die mit kleinen, widerhakigen Stacheln überzogenen Früchte, die von Felltieren verbreitet werden. Diese an eine raue Hundszunge erinnernde Fruchtoberfläche ist auch der Ursprung des deutschen und botanischen Namens der Gattung.

(Signatur Burgerbibliothek: ES 70. 5 S. 206, 207)

Doppelseite 110/111

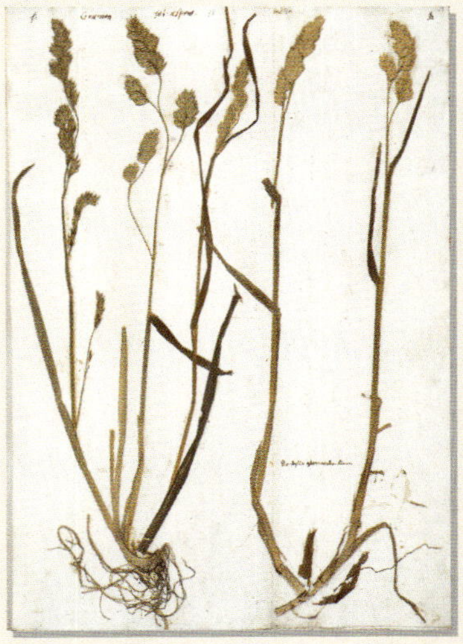

Das Wiesen-Knäuelgras *(Dactylis glomerata)* ist ein Vertreter der Süßgräser, die zu den Einkeimblättrigen (Lilienähnlichen) gehören. Sie ist ein Beispiel aus Platters Band 32 mit Gräsern (inkl. Getreiden) und anderen Lilienähnlichen.

Links: Nicht beschriftetes Aquarell eines unbekannten Künstlers, direkt auf den Buchbogen gemalt.

Rechts: Gepresste Pflanze von Platter als *Gramen folio aspero* beschriftet.

Von den dekorativen großblütigen Lilien gibt es zahlreiche aquarellierte Zeichnungen, aber auch die unscheinbaren Gräser und Grasartigen sind in Platters Herbarium oft sorgfältig illustriert. Das Gemeine Knäuelgras – Platters Name bedeutet «Gras mit rauem Blatt» – ist eine kräftige, in nährstoffreichen Wiesen häufige und geschätzte Futterpflanze.

(Signatur Burgerbibliothek: ES 70.1 S. 030, 031)

Filix

Filix mas
13.

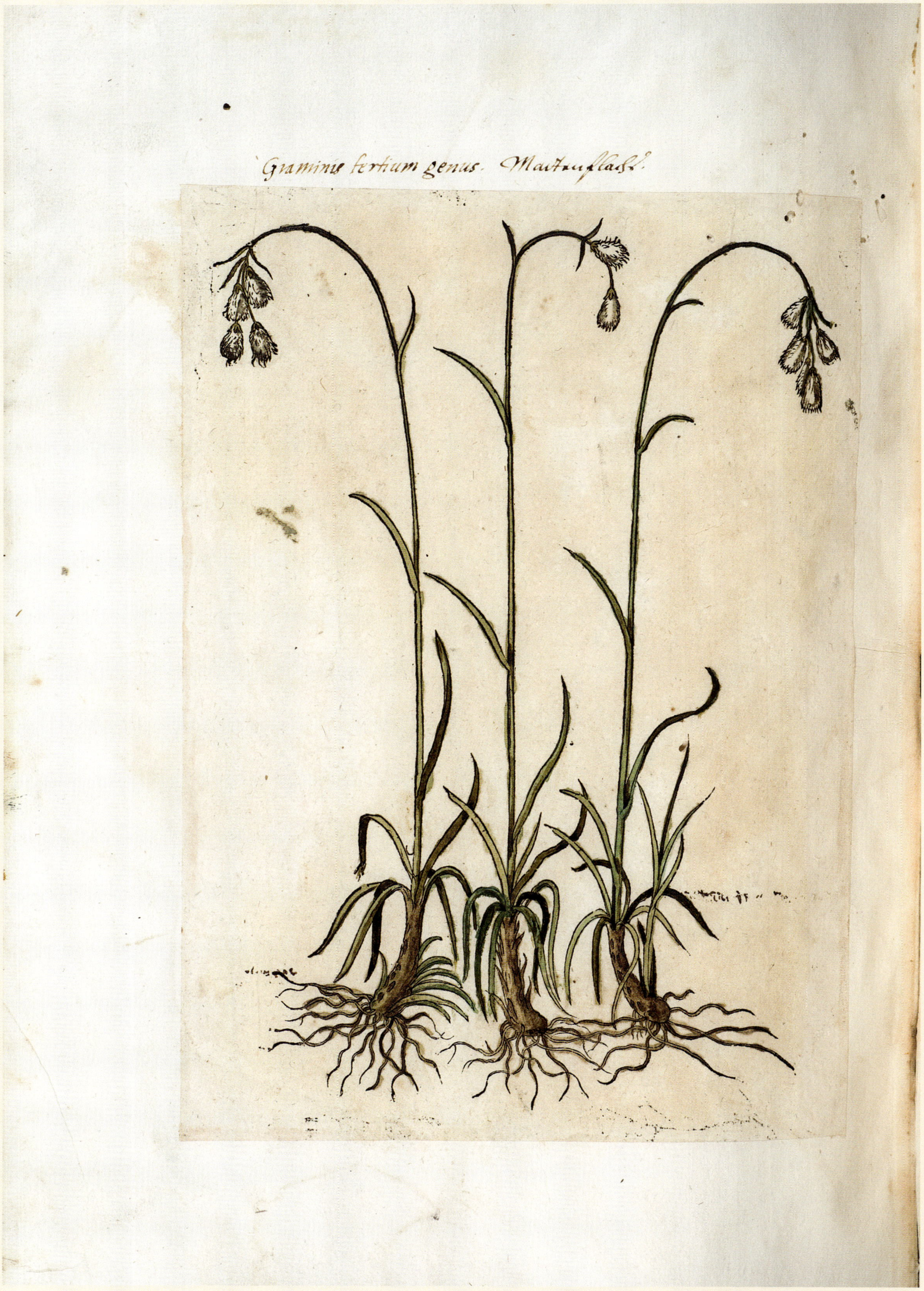
Graminis tertium genus.

Vulgare in pratis.
Ex motis Fracti Palude Pilati.
Gramen tomentosu.
Linu pratense Tragi
Gnaphalium iunceu.
31.
123
Eriophorum polystachium.
Eriophorum vaginatum.

ERYNGIVM. Manßtrew.

Eryngiũ campestre.
19.

Meleagris.

Meleagris.
Frittillaria.
32.
Fritillaria Meleagris. Linn.

Doppelseite 114/115

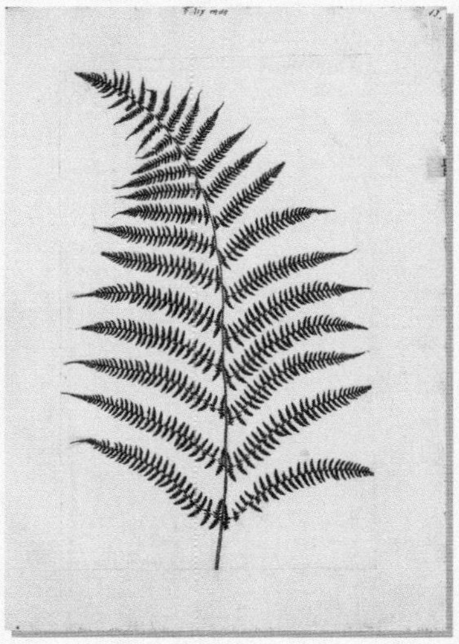

Der Echte Wurmfarn *(Dryopteris filix-mas)* ist ein Vertreter der blütenlosen Gefäßpflanzen der Klasse der Echten Farne. Er ist ein Beispiel aus Platters Band 49 mit dem blütenlosen Pflanzen wie Farnen, Schachtelhalmen, Bärlappen, Flechten und Moosen, aber auch mit distelartigen Korbblütern.

Links: Mit *Filix* von Platter beschriftete, aquarellierte Zeichnung von Hans Weiditz mit gut sichtbarem Abdruck der gegenüberliegenden Pflanze. Teile der Illustration wurden von Walther Rytz 1936 für das Tafelwerk aus dem Herbar-Band gelöst, und werden heute in einer separaten Mappe aufbewahrt.
Rechts: Der gepresste Farnwedel wurde von Platter mit *Filix mas* angeschrieben.
Der echte Wurmfarn, auch Männerfarn *(mas)* genannt, ist wie der feinere Frauenfarn *(filix-femina),* eine in ganz Europa und Nordamerika verbreitete, typische Waldpflanze. Er wurde unterschiedlich medizinisch genutzt und ist noch heute ein probates Wurmmittel.
(Signatur Burgerbibliothek: ES 70.8 S. 050, 051, ES 71.24)

Doppelseite 116/117

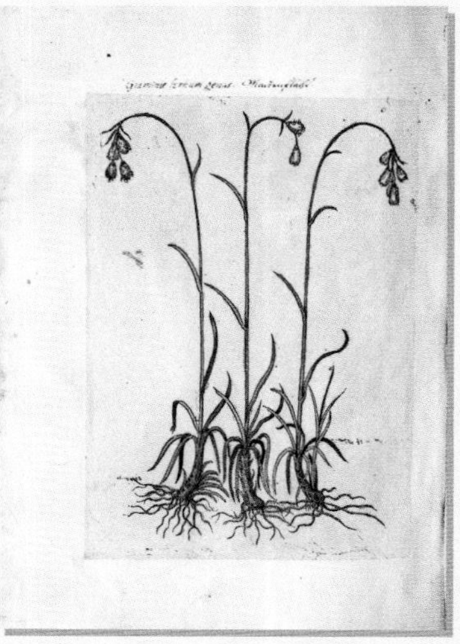

Das Wollgras (*Eriophorum* sp.) ist ein Vertreter der Sauergräser. Es ist ein Beispiel aus Platters Band 32 mit Süßgräsern, inklusive Getreiden und anderen Lilienähnlichen.
Links: Kolorierter Holzschnitt, Probedruck für die Fortsetzung des Kräuterbuches von Leonhart Fuchs, von Thomas Platter dem Jüngeren als *Graminis tertium genus* «Madtenflachs» beschriftet.
Rechts: Die Seite mit den gepressten Pflanzen enthält gleich drei verschiedene Wollgras-Arten: links das Breitblättrige Wollgras *(Eriophorum latifolium),* in der Mitte das Schmalblättrige *(E. angustifolium)* und rechts unten das Scheidige Wollgras *(E. vaginatum).* Die Pflanzen wurde von Platter mit *Gramen tomentosum/Linum pratense/Gnaphalium iunceum* überschrieben, ergänzend dazu links *vulgare in pratis* («häufig in Wiesen») und in der Mitte mit *Ex montis Fracti Palude Pilati* («vom Pilatus-Sumpf»).
Die Wollgräser sind typische Arten der Moorstandorte, charakteristisch ist der Blütenstand mit dem Wollschopf, der auch den deutschen Namen und zahlreiche Trivialnamen wie Büsseli, Baumwollgras, Geißbart oder Moorseide begründet. Moore sind in Mitteleuropa stark rückgängig, die spezialisierten Arten oft gefährdet. Platters Anmerkung «häufig in Wiesen» gilt heute für Wollgras im Raum Basel sicher nicht mehr.
(Signatur Burgerbibliothek: ES 70.1 S. 122,123)

Doppelseite 118/119

Das Feld-Mannstreu *(Eryngium campestre)* ist ein distelartiger Doldenblütler aus der Gruppe der Asternähnlichen. Es ist ein Beispiel aus Platters Band 49 mit blütenlosen Pflanzen wie Farnen, Schachtelhalmen, Bärlappen, Flechten und Moosen, aber auch mit distelartigen Korb- und Doldenblütlern.

Links: Holzschnitt aus dem deutschsprachigen Kräuterbuch von Leonhart Fuchs von 1543, der Name *Eryngium*/«Mansstrew» ist dazu gedruckt.

Rechts: Von Platter mit *Eryngium campestre* beschriftete und gepresste Pflanze.

Das vor allem im Mittelmeerraum verbreitete Feld-Mannstreu ist ebenso wie sein alpiner Verwandter, die seltene Blaudistel *(Eryngium alpinum)*, seit der Antike als Aphrodisiakum und Liebeszauberwurzel bekannt. So ist auch der deutsche Name der Pflanze aus dem 16. Jahrhundert belegt «weil es sich mit seiner Kraft den schwachen Männern treu erweist». Erstaunlich ist, dass der von Platter vor über 400 Jahren gesetzte lateinische Name sich bis heute halten konnte.

(Signatur Burgerbibliothek: ES 70.8 S. 318, 319)

Doppelseite 120/121

Die Schachbrettblume *(Fritillaria meleagris)* gehört zu den Liliengewächsen aus der Gruppe der Einkeimblättrigen (Lilienähnlichen). Sie ist ein Beispiel aus Platters Band 33 mit der Fortsetzung der Lilienähnlichen, mit den eigentlichen Lilien, den Narzissen, den Lauchgewächsen und den Orchideen.

Links: Aquarell eines unbekannten Künstlers, direkt auf den Buchbogen aufgemalt, von Platter mit *Meleagris* beschriftet.

Rechts: Gepresste Pflanzen mit präparierter Wurzelknolle, von Platter mit *Meleagris/Fritillaria* überschrieben.

Die Perlhuhn-Schachblume oder Schachbrettblume, ursprünglich atlantisch-mediterran verbreitet, wurde zu Platters Zeit als Gartenpflanze eingeführt. Heute ist sie bei uns verwildert und eine geschützte Seltenheit in feuchten Wiesen. Der deutsche Name stammt von dem im Pflanzenreich einzigartigen, rechtwinkligen Muster der Blütenblätter.

(Signatur Burgerbibliothek: ES 70.2 S. 126, 127)

Leucoium bulbosum minus.
Leuconarcissolirion minimum Lob.
Galanthus nivalis. Linn.

Leucoium bulbosum, hexaphyllō.
103
26.
Leucoiū bulbosū triphyllon
Leucojum vernum. Linn.

Asperula odorata.

9.[3]

Asperula odorata.

Asperula odorata. Linn.

Matthioli

Flos Solis maximus.

Helianthus ann

230
Poligonū·
Herniaria·

Herniariæ Narbon.
Inter quas una hirsuta
ut incana.
58
231
Herniaria

Doppelseite 124/125

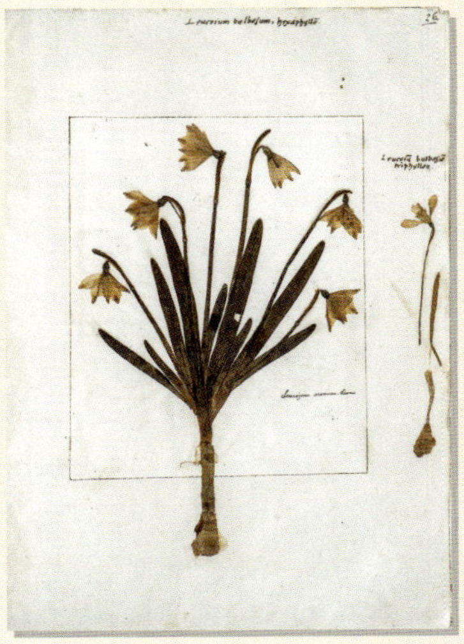

Das Kleine Schneeglöckchen *(Galanthus nivalis)* ist ein Vertreter der Familie der Amaryllisgewächse aus der Klasse der Einkeimblättrigen (Lilienähnlichen). Es ist ein Beispiel aus Platters Band 33 mit der Fortsetzung der Lilienähnlichen, mit den eigentlichen Lilien, den Narzissen, den Lauchgewächsen und den Orchideen.
Links: Aquarellierte Zeichnung eines unbekannten Meisters, von Platter mit *Leucoium bulbosum minus/Leuconarcissolinon minimum* beschriftet. Die weiße Blüte wurde zum Sichtbarmachen auf dem Papier rosa hinterlegt.
Mitte: Kolorierter Holzschnitt mit Frühlings-Knotenblume *(Leucojum aestivum)* und Schneeglöckchen aus dem Kräuterbuch von Leonhart Fuchs (1543).
Rechts: Gepresste Pflanzen der gleichen Arten wie auf dem Holzschnitt, als *Leucoium bulbosum triphyllon* und *Leucoium bulbosum, hexaphyllon* beschriftet.
Das Schneeglöckchen kommt wild in Laubwäldern auf Kalk im ganzen Süden Europas bis in den Balkan, in Polen und in der Ukraine vor. Der Frühblüher hat frostharte Blüten, die auf die ersten Bienen als Bestäuber warten. Die Blätter sind im Frühsommer bereits verwelkt, die Nährstoffe in die Zwiebeln zurückgezogen. Erst zu Platters Zeit wurde die Art als Zierpflanze entdeckt und kultiviert, heute ist sie auch in Nordeuropa und in Nordamerika eingebürgert.
(Signatur Burgerbibliothek: ES 70.2 S. 098, 103Aq, 102Hs, 103)

Doppelseite 126/127

Der Waldmeister *(Galium odoratum)* ist ein Rötegewächs der Ordnung der Einzianartigen. Er ist ein Beispiel aus Platters Band 48 mit vorwiegend Schmetterlingsblütlern und einigen Rötegewächsen.
Links: Aquarellierte Federzeichnung von Hans Weiditz, zerschnitten und ergänzt, von Platter mit *Asperula odorata* beschriftet.
Rechts: Gepresste Pflanze mit erstaunlicher Ähnlichkeit zur Illustration; auf kleinerem Blatt aufgezogen und eingeklebt, von Platter mit *Asperula odorata* überschrieben und mit dem gleichen Namen im 19. Jahrhundert von Jakob Samuel Wyttenbach ergänzt.
Seinen Namen erhielt der Waldmeister wohl, weil er im Frühjahr in Wäldern oft sehr dominant im Unterwuchs auftritt. Meisterhaft sind aber auch seine Verwendungsmöglichkeiten, beispielsweise zum Würzen von Süßigkeiten, der Maibowle oder der Berliner Weißen, als Mottenmittel und als Volksarznei, unter anderem gegen Hexen. Der deutsche Name der Gattung *Galium* «Labkraut» stammt von der Verwendung dieser Kräuter zum Eindicken der Milch bei der Käseherstellung.
(Signatur Burgerbibliothek: ES 70.7 S. 034, 035)

Doppelseite 128/129

Die Sonnenblume *(Helianthus annuus)* ist ein Vertreter der Familie der Korbblütler. Sie ist ein Beispiel aus Platters Band 43 mit einem Teil der Korbblütler, Dickblatt-, Karden-, Eisenkraut- und einigen Hahnenfußgewächsen.

Links: Von Platter mit *Matthioli* angeschriebene Illustration. Eine genaue Untersuchung ergab, dass es sich um eine Tuschezeichnung handelt. Im Kräuterbuch von Pietro Andrea Mattioli von 1590 ist eine Sonnenblume abgebildet, die jedoch nicht dieser Zeichnung entspricht. Woher Platters Zeichnung stammt, bleibt ungewiss.

Rechts: Sehr sorgfältig gepresste Pflanze, der dicke Blütenkopf wurde in einzelnen Teilen gepresst und die Hüllblätter und Randblüten dekorativ wieder zusammengestellt.

Die wilde Sonnenblume stammt aus Nord- und Mittelamerika, wo Spuren der landwirtschaftlichen Kultur seit 2500 v. Chr. gefunden wurden. Mitte des 16. Jahrhunderts brachten spanische Seefahrer Samen der Sonnenblume nach Europa, wo sie zunächst als Zierpflanze angebaut wurde. Platter hat wohl die Pflanze als exklusive Neuheit in seinem Garten aus Samen gezogen.
(Signatur Burgerbibliothek: ES 70.6 S. 154, 155)

Doppelseite 130/131

Das kahle Bruchkraut *(Herniaria glabra)* gehört zur Familie der Nelkengewächse. Es ist ein Beispiel aus Platters Band 43 mit einem Teil der Korbblütler, Dickblatt-, Karden-, Eisenkraut- und einigen Hahnenfußgewächsen.

Links: Aquarellierte Federzeichnung von Hans Weiditz, ausgeschnitten, aber in einem Stück, von Platter als *Herniaria/Polygonum* beschriftet.

Rechts: Gepresste Pflanzen von drei verschiedenen Bruchkraut-Arten *(Herniaria glabra, H. hirsuta, H. incana).* Platter hat die verschiedenen Arten erkannt und mit *Herniaria Narbonensis/Herniaria Narbonensis hirsuta/Herniaria Narbonensis incana* beschriftet und die Bemerkung *Inter quas una hirsuta vel incana* («darunter eine behaart und eine grau») hinzugefügt.

Das Bruchkraut ist eine Pionierpflanze niederer Lagen und kommt in fast ganz Europa, bevorzugt aber im Mittelmeerraum vor. Die Bezeichnung *Narbonensis* (von Narbonne), und auf einer weiteren Seite *Monspeliensis* (von Montpellier), zeigt, dass Platter die Art wohl während seinem Studium in Südfrankreich gesammelt hat.
(Signatur Burgerbibliothek: ES 70.6 S. 230, 231)

ELENIVM
Alant.

Helenium
Enula cāpana Off.
147
37.
Inula helenium.

Iris vulgaris. 403
102.

Iris germanica. Linn.

Blau

131
APIOS
Erdnussen.

Terræ glandes
Pseudoapios Math.
40.
Erdnuss.
Lathyrus tuberosus Linn.

Bellis maior, Syluestris 69.

Der Echte Alant *(Inula helenium)* ist eine Pflanze der Familie der Korbblütler. Er ist ein Beispiel aus Platters Band 43 mit einem Teil der Korbblütler, Dickblatt-, Karden-, Eisenkraut- und einigen Hahnenfußgewächsen.
Links: Kolorierter Holzschnitt aus der deutschen Ausgabe des Kräuterbuches von Leonhart Fuchs (1543), mit den Pflanzennamen *Elenium* und «Alant» versehen.
Rechts: Gepresste Pflanze, von Platter beschriftet mit *Helenium/Enula campana officinalis*. Der Blütenkopf wurde zerschnitten, die Teile einzeln gepresst und Hüllblätter und Blüten sehr dekorativ wieder zusammengestellt.

Doppelseite 134/135

Der Echte Alant stammt ursprünglich aus Klein- und Zentralasien. Wegen der bitteren, harzigen Wurzel wurde die Art als «Helenion» seit der Antike als Heil- und Gewürzpflanze verwendet. Nach der Legende soll die schöne Helena, die nach Troja entführt wurde, der Pflanze den Namen gegeben haben. Die einheimischen Vertreter der Gattung bleiben wesentlich kleiner als der bis zu 2 Meter hohe Echte Alant und erreichen auch nicht sein Aroma und seine Wirksamkeit. Im Mittelalter diente die Pflanze auch als Räuchermittel und gegen böse Geister. Die Wurzel des Echten Alants wurde ebenfalls gegessen und soll gegen Magenbeschwerden, Krämpfe und Husten wirksam sein; noch heute ist sie in Likören und Hustensäften gebräuchlich.
(Signatur Burgerbibliothek: ES 70.6 S. 146, 147)

Die Deutsche Schwertlilie *(Iris x germanica)*, auch Ritter-Schwertlilie genannt, ist eine Kultur-Hybride der Schwertlilien in der Ordnung der Spargelartigen. Sie ist ein Beispiel aus Platters Band 32 mit Süßgräsern (inkl. Getreiden) und anderen Lilienähnlichen.
Links: Aquarell eines unbekannten Künstlers, direkt auf den Bogen im Buch gemalt, nicht beschriftet.

Doppelseite 136/137

Rechts: Gepresste Pflanze auf kleineren Papierbogen aufgezogen, von Platter als *Iris vulgaris* beschriftet, ergänzt durch Jakob Samuel Wyttenbach im 19. Jahrhundert, mit dem heute noch gültigen Namen.
Schwertlilien wurden als Zauberpflanzen zur Feindabwehr auf Burgfelsen gepflanzt. So entstand als Kreuzung zweier eingeführter, südeuropäischer Iris-Arten die seit dem Mittelalter eingebürgerte Deutsche Schwertlilie, die noch heute eine beliebte Gartenpflanze ist. Die getrocknete Wurzelknolle der Pflanze ist als «Veilchenwurz» ein bewährtes Mittel gegen Zahnungsbeschwerden bei Kleinkindern.
(Signatur Burgerbibliothek: ES 70.1 S. 408, 409)

Doppelseite 138/139

Die Platterbse *(Lathyrus tuberosus)* ist ein Vertreter der Schmetterlingsblütler der Familie der Hülsenfrüchtler. Sie ist ein Beispiel aus Platters Band 48 mit vorwiegend Schmetterlingsblütlern und einigen Rötegewächsen.

Links: Kolorierter Holzschnitt aus Fuchs' Kräuterbuch von 1543, mit eingedrucktem Namen *Apios* «Erdnussen», daneben eine aquarellierte Federzeichnung von Weiditz.

Rechts: Gepresste Pflanze von Platter mit *Terrae glandes/ Pseudoapios* beschriftet. Unten rechts der Name «Erdtnuss» von unbekannter Hand und der linnéische Name *Lathyrus tuberosus* von Wyttenbach ergänzt.

Die Platterbse – nicht zu verwechseln mit der ebenfalls zu den Schmetterlingsblütlern gehörenden «echten» Erdnuss *(Arachis hypogaea)* aus der Neuen Welt – ist eine in Europa bis Westasien heimische, alte Kulturpflanze. Genutzt wurden die Wurzelknöllchen, die gekocht, geröstet oder zu Speiseöl verarbeitet wurden. Die deutschen Trivialnamen «Schweinenuss» und «Saubohne» weisen auf die Verwendung als Schweinefutter hin. Zu Platters Zeit dienten die Knöllchen aber auch als Kaffeeersatz; aus den Blüten wurde zudem Parfüm gewonnen. Heute ist die Art noch vereinzelt an Acker- und Wegrändern oder bei Liebhabern alter Kultursorten zu finden.

(Signatur Burgerbibliothek: ES 70.7 S. 158, 159)

Doppelseite 140/141

Die Große Margerite *(Leucanthemum vulgare)* gehört zur Familie der Korbblütler. Sie ist ein Beispiel aus Platters Band 42 mit den Raublattgewächsen, zahlreichen Korbblütlern und einigen Nelkengewächsen.

Links: Aquarellierte Federzeichnung von Weiditz, von Walther Rytz für eine Publikation ausgewählter Aquarelle 1936 sorgfältig aus dem Herbarium entfernt und zusammen mit der Zeichnung des Natternkopfes *(Echium vulgare)* auf einen neuen Bogen aufgezogen.

Mitte: Die Herbarseite mit Leimspuren der entfernten Zeichnung, mit *Bellis maior* beschriftet.

Rechts: Gepresste Pflanze, von Platter mit *Bellis maior sylvestris* beschriftet. Die Pflanze wurde zuerst auf dünnerem Papier aufgezogen, der Bogen später eingeklebt und mit einer Rahmenlinie verziert, ebenso wurde die Wurzel ergänzt.

Die Große Margerite kommt heute weltweit vor, ihre ursprüngliche Verbreitung ist unbekannt. Wegen der gelb-weißen Blüten hat die Pflanze unzählige Trivialnamen erhalten wie etwa Gänseblume, Sternblume, Priesterkragen, Milchblume, Wucherblume, Hunnenblume und Kuhblume. Bekannt ist auch das Auszupfen der Blütenblätter (er/sie liebt mich, liebt mich nicht...) und damit die Verwendung als «Orakelblume».

(Signatur Burgerbibliothek: ES 71.11, ES 70.5 S. 274, 275,)

Lilium sylvestre Dod. mõtanũ Lob.
Martagon Math. Hyacinthus Poet. Tragi
Asphodelus Brunfel.

223

56.

Lilium Martagon Linn.

Ophris.
89.
Ex monte Pilati.

Pulmonaria. Lungenkraut.

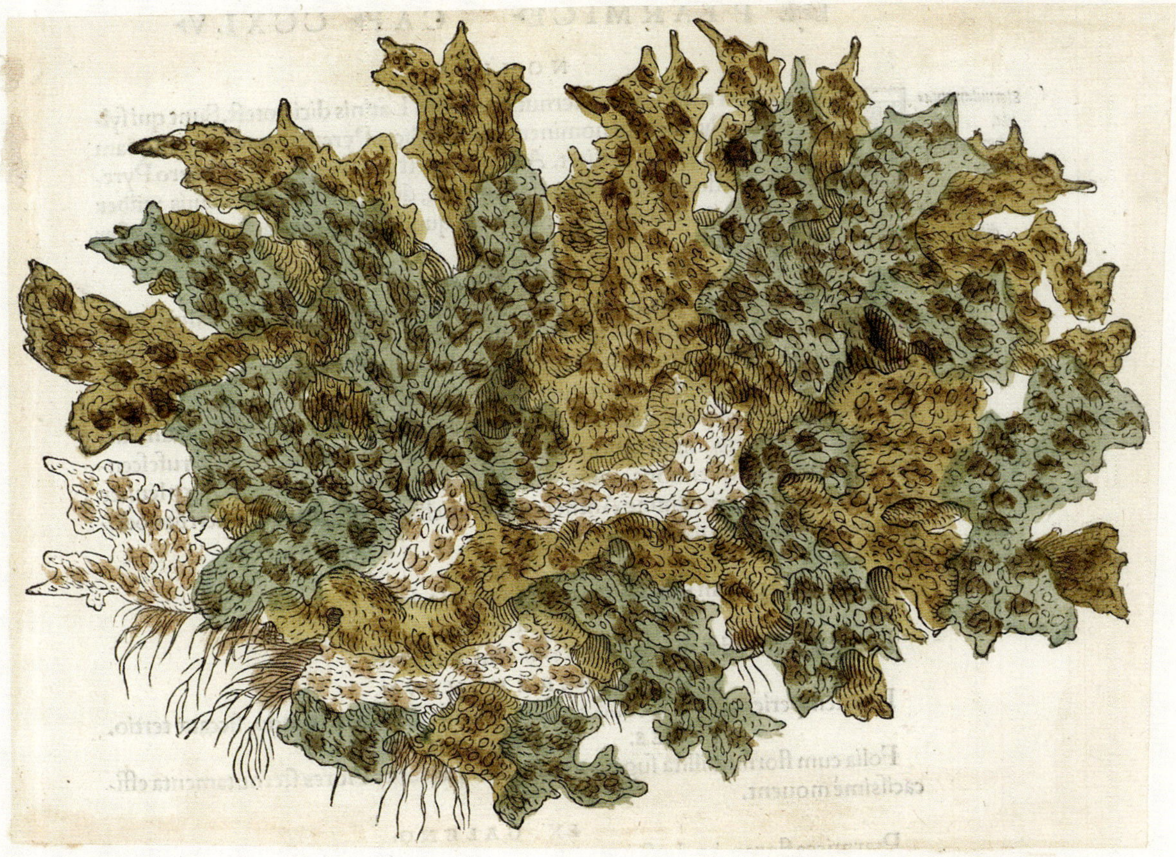

Lichen arborū alt. Muscus pulmonarius Lobel.
26.

Lunaria maior
Viola latifolia Dod.
27.
Lunaria rediviva. Linn.

Doppelseite 144/145

Der Türkenbund *(Lilium martagon)* gehört zur Familie der Liliengewächse. Er ist ein Beispiel aus Platters Band 33 mit der Fortsetzung der Lilienähnlichen, mit den eigentlichen Lilien, den Narzissen, den Lauchgewächsen und den Orchideen.
Links: Direkt auf den Papierbogen aufgemalte, aquarellierte Zeichnung von einem unbekannten Künstler.

Rechts: Gepresste Pflanze von Platter mit *Lilium sylvestre/Martagon/Hyacinthus poetarum/Asphodelus* beschriftet.
Der Türkenbund ist eurasiatisch verbreitet und mit bis über 1 m Höhe die stattlichste europäische Lilie. Der deutsche Name geht auf die Ähnlichkeit der zurückgeschlagenen Blütenblätter mit einem orientalischen Turban zurück. Die goldgelbe Zwiebel gab der Art auch den Namen Goldapfel, Goldwurzel oder Goldbölla. Sie wurde auch von Alchimisten eingesetzt und hatte den Ruf eines Allzweck-Heilmittels. Platter kannte von der beliebten Zierpflanze bereits attraktive Züchtungen.
(Signatur Burgerbibliothek: ES 7.2 S. 222, 223)

Doppelseite 146/147

Das Große Zweiblatt *(Listera ovata)* ist ein Vertreter der Familie der Orchideen. Es ist ein Beispiel aus Platters Band 33 mit der Fortsetzung der Lilienähnlichen, mit den eigentlichen Lilien, den Narzissen, den Lauchgewächsen und den Orchideen.
Links: Aquarellierte Federzeichnung von Weiditz und rechts davon ein kolorierter Holzschnitt aus Fuchs' Kräuterbuch von 1543.

Rechts: Gepresste Pflanzen, die Seite von Platter mit *Ophris* überschrieben, zum Exemplar rechts wurde *Ex monte Pilati* («vom Pilatus») geschrieben.
Das Große Zweiblatt ist eine bis 50 cm hohe Orchidee mit eurasiatischer Verbreitung und wächst auf Magerrasen, Wiesen, in Flachmooren und in frischen Wäldern. Die Blüten sind eher unscheinbar gelbgrün, da sich die Art auf die Bestäubung durch Käfer und Schlupfwespen spezialisiert hat, die sie mit Nektar anlockt. Wie der Name sagt, hat die Pflanze meist nur zwei Laubblätter, Platter konnte aber auch eine Pflanze mit drei Blättern sammeln, die er als *Ophris trifolia* (dreiblättrige Ophris) bezeichnete.
(Signatur Burgerbibliothek: ES 70.2 S. 354, 355)

Doppelseite 148/149

Die Echte Lungenflechte *(Lobaria pulmonaria)* ist eine Blattflechte aus der Familie der Lungenflechten. Sie ist ein Beispiel aus Platters Band 49 mit blütenlosen Pflanzen wie Farnen, Schachtelhalmen, Bärlappen, Flechten und Moosen, aber auch mit distelartigen Korbblütern.
Links: Kolorierter Holzschnitt aus dem Kräuterbuch von Leonhart Fuchs (1543), von Thomas Platter dem Jüngeren als *Pulmonaria* «Lungenkraut» bezeichnet.
Rechts: Gepresste Flechten, von Platter mit *Lichen arboreum alter/Muscus pulmonaceus* überschrieben. Es handelt sich bei diesem Beleg zwar um eine Flechte, aber es ist eine andere Art, nämlich das sogenannte Isländische Moos *(Cetraria islandica).*
Die Echte Lungenflechte kann einen Durchmesser von mehr als 30 cm erreichen und kommt vom Hohen Norden bis in die Berglagen des Mittelmeerraumes vor. Sie wächst in feuchten, niederschlagsreichen Lagen, vorwiegend auf der Rinde von Ahorn und Esche. Da die Art sehr empfindlich auf Luftschadstoffe reagiert, ist sie heute sehr selten geworden und oft gefährdet. Nach der sogenannten Signaturenlehre, die davon ausgeht, dass es zwischen menschlichen Organen und Heilmitteln optische Analogien gibt, wurde die Echte Lungenflechte seit dem Mittelalter bei Lungenleiden verwendet. In der Homöopathie wird die Art noch heute bei Husten eingesetzt. Dem von Platter gesammelten Isländisch Moos wird ebenfalls eine hustenstillende Wirkung nachgesagt.
(Signatur Burgerbibliothek: ES 70.8 S. 102, 103)

Doppelseite 150/151

Das Einjährige Silberblatt *(Lunaria annua)* gehört zur Familie der Kreuzblütler. Es ist ein Beispiel aus Platters Band 34 mit vorwiegend Kreuzblütengewächsen und einigen Glockenblumen.
Links: Kolorierter Holzschnitt, Probedruck für die Fortsetzung des Kräuterbuches von Leonhart Fuchs. Die Blütenfarbe ist in natura eher violett.
Rechts: Gepresste Pflanze mit Blüten und Früchten, von Platter mit *Lunaria maior/Viola latifolia* beschriftet.
Das Einjährige Silberblatt ist eigentlich eine zweijährige Pflanze, die erst im zweiten Jahr blüht. Das ursprüngliche Verbreitungsgebiet dieser Schuttart ist Südeuropa bis zu den Alpen, als beliebte Gartenpflanze wurde sie aber bereits in Mitteleuropa über ganz Europa verbreitet. Nicht nur wegen der schönen Blüten, sondern auch wegen der dekorativen Fruchtstände ist die Art oft in Bauerngärten zu finden. Nach dem Abwerfen der Fruchtdeckel und der Samen bleibt die silbrig glänzende Innenseite der Schötchen an den Sprossen, die für Trockensträuße verwendet werden können.
(Signatur Burgerbibliothek: ES 70.3 S. 106, 107)

Phyllon mas.
153
37.
Mercurialis tomentosa. Linn.
hab. in Gallia Narbonensi. Hispania.

Alsine Myosotis.
Miosotis
Scorp.

Echiū scorpioides aruense.
Auricula muris. ut Myosotis. minor Trago. hirsuta Lob.
Alsine Myosotis.

41.

Myosotys scorpioides.

Ragwurtz weible. CCCXVIII.

Orchis. fucū referens maior 23.
Serapias 2ª maior Dod.
72.

Phalangium maig
98.
Anthericum

Doppelseite 154/155

Das Filzige Bingelkraut *(Mercurialis tomentosa)* gehört zu den Wolfsmilchgewächsen. Es ist ein Beispiel aus Platters Band 35, der außer den Fuchsschwanzgewächsen auch andere Arten mit unscheinbaren Blüten und einige Kreuz- und Korbblütler enthält.

Links: Kleiner kolorierter Holzschnitt aus dem Kräuterbuch von Pena und Lobel von 1570. Die gedruckte Bezeichnung *foemina* wurde von Hand zu *mas* korrigiert.

Rechts: Gepresste Pflanze, von Platter mit *Phyllon mas* beschriftet. Unten rechts die Ergänzungen Wyttenbachs *Mercurialis tomentosa/hab. in Gallia Narbonensi Hispania* (kommt in der Provence und in Spanien vor).

Die von Wyttenbach angemerkte Verbreitung des Filzigen Bingelkrautes ist korrekt: Die Art kommt tatsächlich ausschließlich auf offenen, steinigen Flächen in Südfrankreich und auf der Iberischen Halbinsel sowie den Balearen vor. Platter hat also die Art mit großer Wahrscheinlichkeit während seiner Studienzeit in Montpellier (1552–1557) gesammelt. Die Art ist eine Heilpflanze und wird heute noch als «Carra», «Hierba de Santa Quiteria» oder «Hierba del veneno» als Entgiftungs- und Abführmittel verwendet.

(Signatur Burgerbibliothek: ES 70.4 S. 152, 153)

Doppelseite 156/157

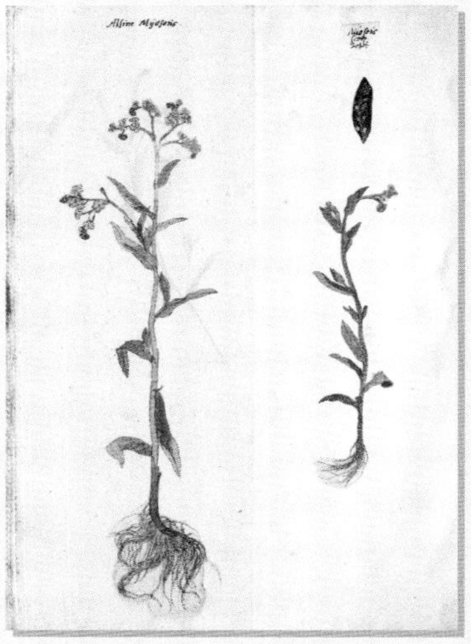

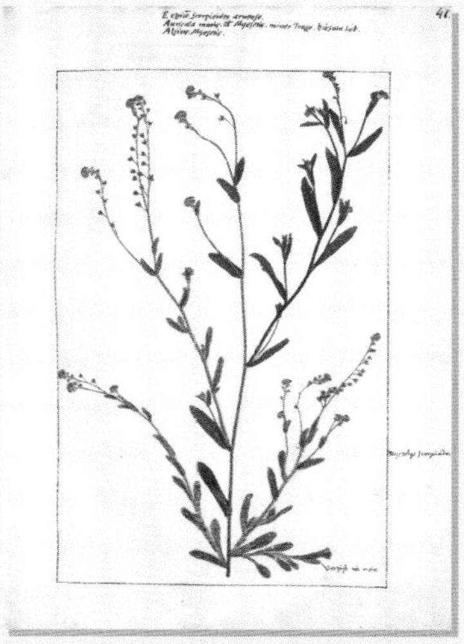

Das Vergissmeinnicht (*Myosotis* sp.) gehört zu den Raublatt- oder Borretschgewächsen der Ordnung der Asternartigen. Es ist ein Beispiel aus Platters Band 42 mit den Raublattgewächsen, Korblütlern und einigen Nelkengewächsen.

Links: Aquarellierte Federzeichnungen von Hans Weiditz, von Platter jeweils mit *Alsine Myosotis* und *Myosotis scorpioides* überschrieben. Die beiden Zeichnungen sind so präzise, dass man zwei unterschiedliche Arten identifizieren kann: links, zerschnitten und ergänzt, das Sumpf-Vergissmeinnicht *(Myosotis scorpioides)*, rechts, mit Nebenfigur, schwarz hinterlegt, das Wald-Vergissmeinnicht *(Myosotis sylvatica)*.

Rechts: Gepresste Pflanze auf kleinerem Papierbogen aufgezogen und mit «Vergiss nit mein» beschriftet. Im Buch hat Platter die Namen *Alsine Myosotis/Auricula muris/Echium scorpioides arvense* dazugeschrieben. Unten rechts der noch heute gültige Name *Myosotis scorpioides*, von Jakob Samuel Wyttenbach im 19. Jahrhundert ergänzt.

Der deutsche Name, hier in der Variante «Vergiss nit mein», ist seit dem 15. Jahrhundert belegt und zeigt die Bedeutung der Pflanze für Liebestränke und Liebende.

(Signatur Burgerbibliothek: ES 70.5 S. 162, 163)

Doppelseite 158/159

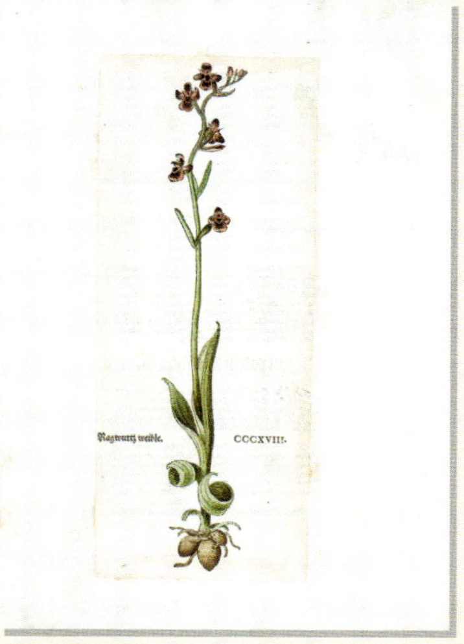

Die Hummel-Ragwurz *(Ophrys holosericea)* gehört zur Familie der Orchideen. Sie ist ein Beispiel aus Platters Band 33 mit der Fortsetzung der Lilienähnlichen, mit den eigentlichen Lilien, den Narzissen, den Lauchgewächsen und den Orchideen.

Links: Kolorierter Holzschnitt aus dem deutschsprachigen Kräuterbuch von Fuchs von 1543, als «Ragwurtz weible» bezeichnet.

Rechts: Gepresste Pflanzen auf einem kleineren, eingeklebten Bogen. Die Seite wurde von Platter mit *Orchis fucum referens maior/Orchis serapias maior* beschriftet.

Das Verbreitungsgebiet der Hummel-Ragwurz erstreckt sich vom Mittelmeerraum bis nach Südengland und gegen Osten von Mitteldeutschland bis nach Südostösterreich. Die Art besiedelt auf trockenen, kalkhaltigen Böden Magerwiesen, Gebüsche und lichte Kiefernwälder. Die zwei bis zehn auffallenden typischen Orchideenblüten pro Pflanze können sehr variabel gefärbt und gezeichnet sein. Die Ähnlichkeit der Blüten mit Hummeln, die der Art den Namen gab, ist nicht zufällig. Mit der Blütenform, Blütenbehaarung sowie mit Lockstoffen gaukelt sie speziellen Bienen- und Hummelarten einen vermeintlichen Partner vor. Die Insekten versuchen die Blüte zu begatten und werden so zum Bestäuber. Diese starke Spezialisierung hat für die Pflanze den Vorteil, dass ausschließlich Pollen der eigenen Artgenossen übertragen werden.

(Signatur Burgerbibliothek: ES 70.2 S. 288, 289)

Doppelseite 160/161

Die Weiße Trichterlilie *(Paradisea liliastrum)* gehört zu den Spargelgewächsen aus der Gruppe der Einkeimblättrigen (Lilienähnlichen). Sie ist ein Beispiel aus Platters Band 32 mit Gräsern inklusive Getreiden und anderen Lilienähnlichen.

Links: Aquarellierte Zeichnung eines unbekannten Künstlers. Die weißen Blüten wurden zum Sichtbarmachen auf dem Papier rosa umrandet.

Rechts: Gepresste Pflanze, von Platter mit *Phalangium maius* beschriftet.

Die auch Alpen-Paradieslilie genannte Art ist vor allem in den Alpen bis Kärnten und auf dem Apennin und in den Pyrenäen von 800 bis 2500 m ü.M. verbreitet. Die Pflanze bevorzugt magere Rasen mit tiefgründigen Böden in sonnigen Lagen. Platters Name der Pflanze *Phalangium* war für verschiedene weiße Lilien noch bis ins 19. Jahrhundert gebräuchlich, wurde aber wegen einer gleichnamigen Spinnengattung fallengelassen.

(Signatur Burgerbibliothek: ES 70.1 S. 392, 393)

CCCCIII
Welsch Bonen.
Kk 4

Dolichus Phaseolus. 22

Rapunculus maior.
Groß Rapuntzel.

Rapunculs spica purpurea
Rapuntium maius alopecuri comoso flore. Lob.
Rapum sylu. maius Dod.
15.
Rapunculs alopecur:
folio maculato.

Muscus capillaris maior.
Polytricum Apuleij.

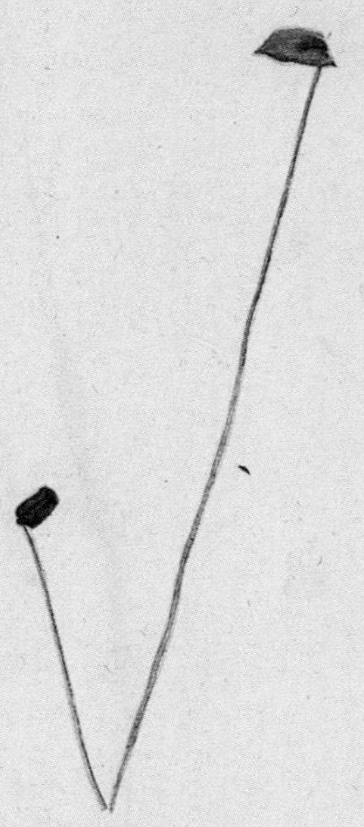

Das groß gulden Widerthon.
CCCLVII.

Das klein gulden Widerthon.
CCCLVIII.

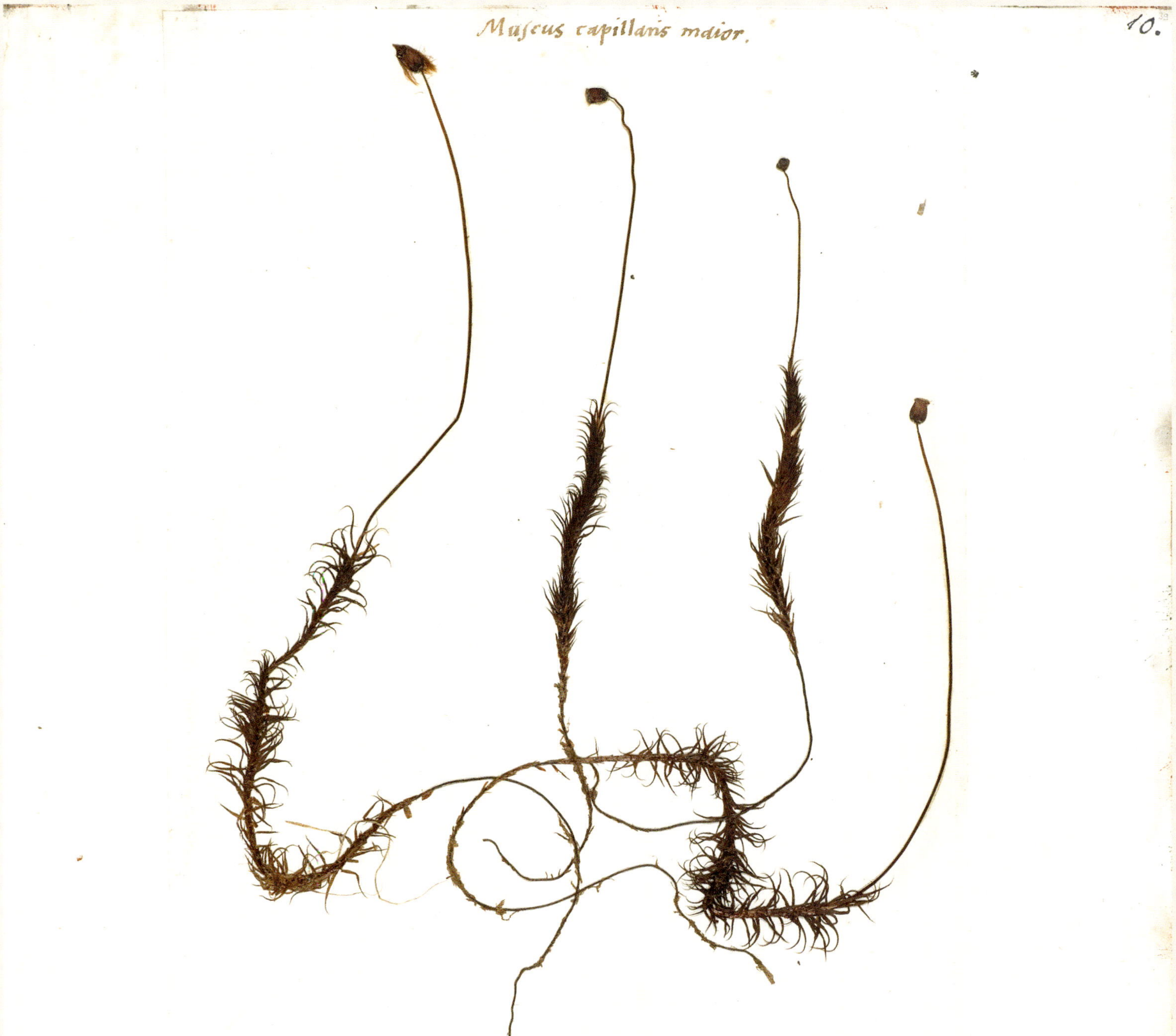
Muscus capillaris maior.
10.
Minor.
Minimus.

Ruta
16.
Ruta graveolens. Linn.

Doppelseite 164/165

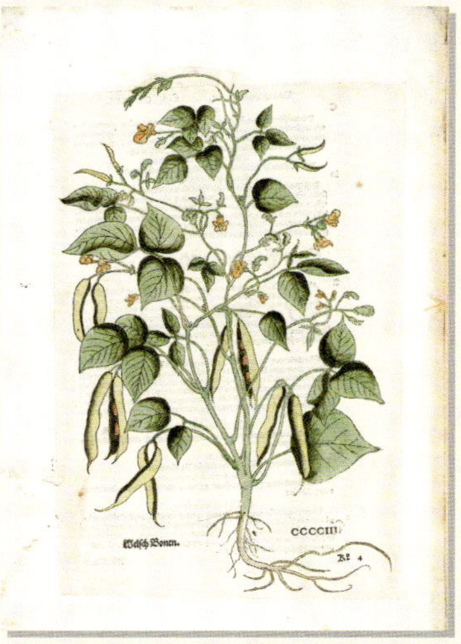

Die Gartenbohne *(Phaseolus vulgaris)* ist ein Vertreter der Schmetterlingsblütler der Familie der Hülsenfrüchtler. Sie ist ein Beispiel aus Platters Band 48 mit vorwiegend Schmetterlingsblütlern und einigen Rötegewächsen.

Links: Kolorierter Holzschnitt aus der deutschen Ausgabe des Kräuterbuches von Leonhart Fuchs von 1543, dazu gedruckt der Name «Welsch Bonen» und die Nummer CCCCIII.

Rechts: Typisches Beispiel einer besonders sogfältig präparierten Pflanze: Die fleischigen Bohnen wurden vor dem Pressen präpariert und nur die häutigen Teile für den Pflanzen-Beleg eingeklebt. Platter hat den Namen der Zeit *Dolichus Phaseolus* dazugeschrieben.

Die Gartenbohne, in Südamerika seit Jahrtausenden kultiviert, gelangte erst im 16. Jahrhundert nach Europa. Platter hatte großes Interesse an neu eingeführten Arten und hielt einige in seinem Garten. Die hier gezeigte Abbildung ist die älteste bekannte europäische Darstellung der heute klassischen Gartenbohne.

(Signatur Burgerbibliothek: ES 70.7 S. 086, 087)

Doppelseite 166/167

Die Ährige Teufelskralle *(Phyteuma spicatum)* gehört zur Familie der Glockenblumengewächse. Sie ist ein Beispiel aus Platters Band 34 mit vorwiegend Kreuzblütengewächsen und einigen Glockenblumen.

Links: Kolorierter Holzschnitt, Probedruck für die Fortsetzung des Kräuterbuches von Leonhart Fuchs, von Thomas Platter dem Jüngeren mit *Rapunculus maior* «Gross Rapuntzel» beschriftet.

Rechts: Gepresste Pflanzen, links Ziestblättrige Teufelskralle, rechts Ährige Teufelskralle, von Platter als *Rapum* oder *Rapunculus* bezeichnet.

Die Ährige Teufelskralle ist in Wäldern und Bergwiesen Mitteleuropas verbreitet. Typisch sind die herzförmigen Blätter, die oft einen schwarzen Fleck haben. Der deutsche Name bezieht sich auf die krallenförmige Form der Einzelblüten. Platters Name *Rapum* (in der Verkleinerungsform *Rapunculus*) bedeutet Rübe und bezieht sich auf die verdickte, essbare Wurzel. Der daraus abgeleitete deutsche Name Rapunzel wird für die Teufelskralle sowie für den Feldsalat und die ebenfalls wohlschmeckende Rapunzel-Glockenblume verwendet.

(Signatur Burgerbibliothek: ES 70.3 S. 58, 59

Doppelseite 168/169

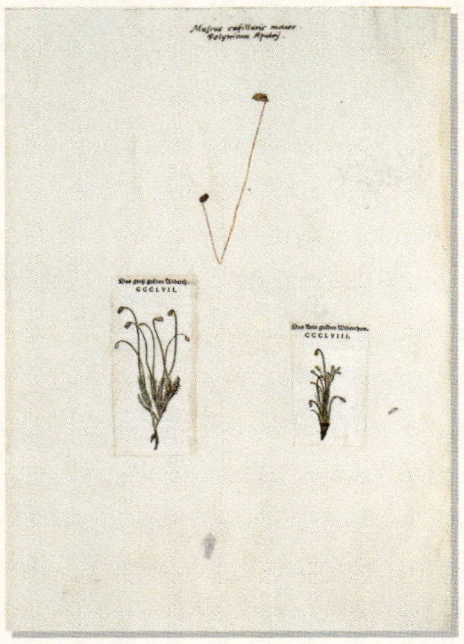

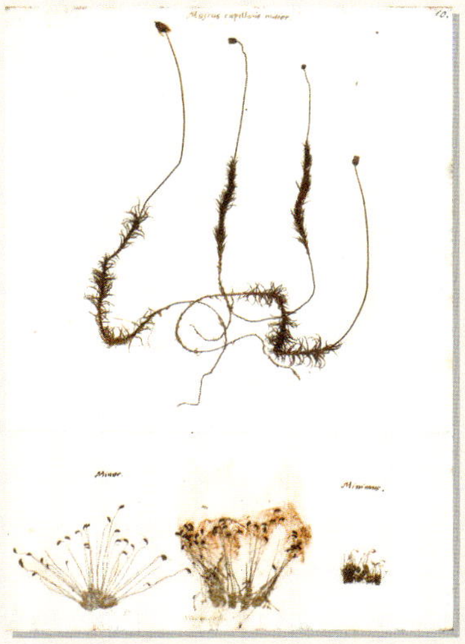

Moose gehören zu den blütenlosen Pflanzen ohne Stütz- und Leitgewebe. Das Widerton-Moos (*Polytrichum* sp.) wird zur Abteilung der Laubmoose gezählt. Es ist ein Beispiel aus Platters Band 49 mit den blütenlosen Pflanzen (Farnen, Schachtelhalmen, Bärlappen, Flechten und Moosen) sowie mit distelartigen Korbblütern.

Links: Aquarellierte Federzeichnung von Weiditz, die nur zwei Kapseln mit Stiel zeigt, darunter zwei Holzschnitte aus Fuchs' Kräuterbuch von 1543, nämlich das «gross (…) und das klein gulden Widerthon», die Seite wurde von Platter beschriftet mit *Muscus capillaris maior/ Polytrichum Apuleij.*

Rechts: Gepresste Moose, oben Widerton, unten Drehmoos, sowie eine unbestimmbare Art, die Seite überschrieben mit *Muscus capillaris maior* und die unteren Arten mit *Minor* (klein) und *Minimus* (kleinste).

Das relativ kräftige Widerton-Moos ist mit seinen Rasen aus sternartig beblätterten Sprossen ein auffallender Waldbodenbewohner. Wegen der hellbraunen, haarigen Haube der Kapsel wird die Gattung auch Frauenhaar- oder Haarmützenmoos genannt. Der Name Widerton stammt von der Verwendung der Pflanze im Mittelalter gegen böse Zauber: «Wider das Antun», später auch als «Wider den Tod» interpretiert. Wirklich brauchbar war seine Verwendung als Polster- und Dichtungsmaterial.

(Signatur Burgerbibliothek: ES 70.8 S. 038, 039)

Doppelseite 170/171

Die Weinraute *(Ruta graveolens)* ist ein Vertreter der Rautengewächse in der Ordnung der Seifenbaumartigen. Sie ist ein Beispiel aus Platters Band 48 mit vorwiegend Schmetterlingsblütlern und einigen Rötegewächsen.

Links: Aquarellierte Federzeichnung von Hans Weiditz, unzerschnitten, wurde von Walther Rytz 1936 für das Tafelwerk aus dem Herbarium herausgelöst und auf einen neuen Bogen aufgezogen.

Mitte: Der leere Bogen im Herbarium, nur noch Platters Beschriftung *Ruta* und die Klebestellen der Illustration sind zu erkennen.

Rechts: Gepresste Pflanze von Platter mit *Ruta* beschriftet, unten rechts die Ergänzung von Wyttenbach aus dem 19. Jahrhundert.

Der deutsche Name der südeuropäischen Pflanze stammt von der Verwendung zum Aromatisieren von Wein. Die Weinraute war als Gewürz in der antiken römischen Küche sehr beliebt und konnte wohl auch die teilweise fehlende Frische der Nahrungsmittel etwas kompensieren. Sie galt lange auch als Universalmittel und wurde gegen Gifte, Geister und den Teufel eingesetzt.

(Signatur Burgerbibliothek: ES 70.7 S. 062, 063, ES 71.05a)

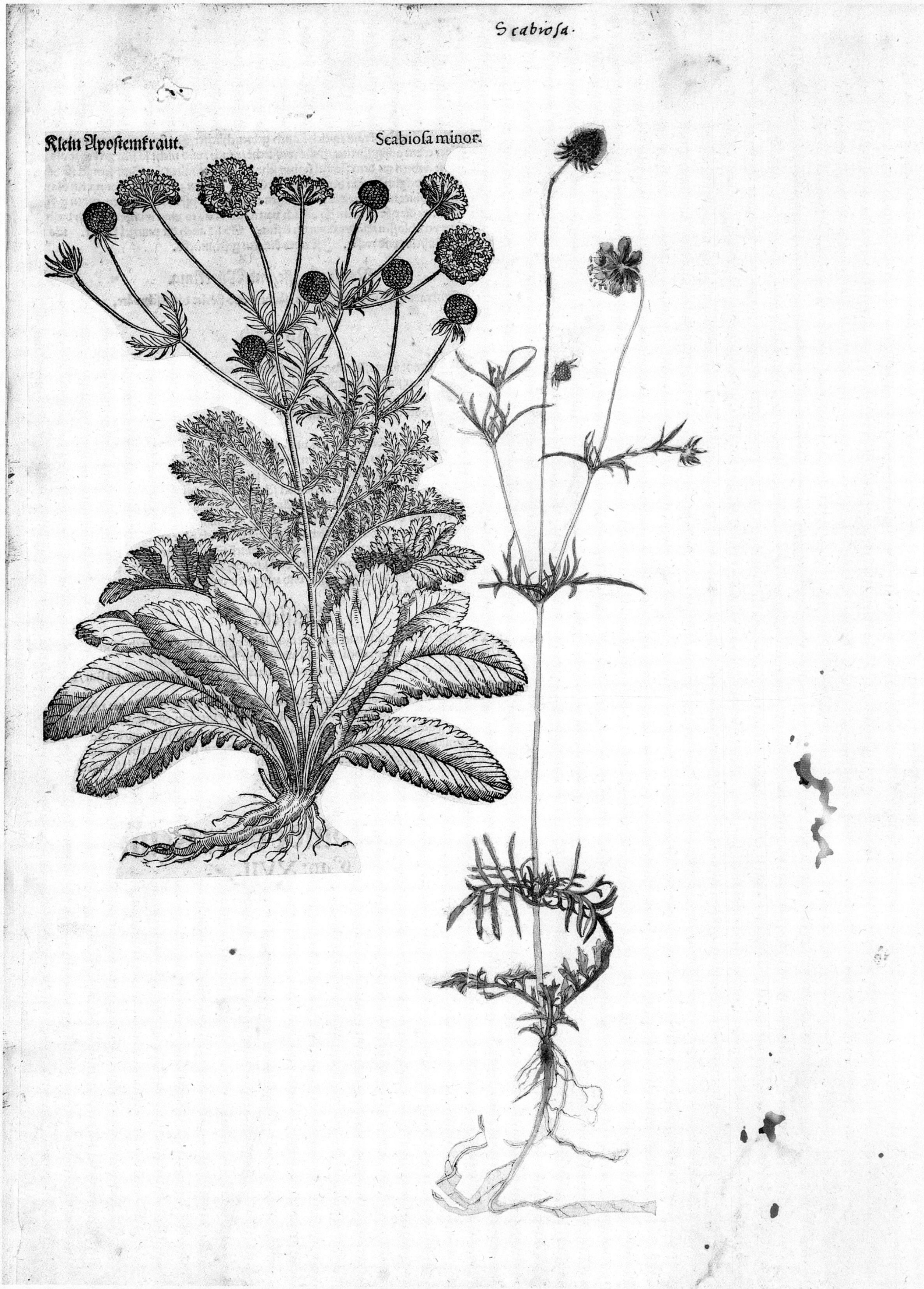
Scabiosa.
Klein Apostemkraut.
Scabiosa minor.

Scabiosa flore albo
Eadem fl. atro purpureo.
4.

Sonchus.

Sonchus laevis
Intybus syl. Trago.

Orchis odorata.

Orchis angustifolia odorata.
Wolschmeckend knabenkraut weiblin.

Orchis odorata. 44.
Triorchis alba odorata oblongâ radice.
76.
303

Rörlkraut.

CCCLXXXVIII.

Hh 3

Dens leonis vulgaris. 229 56

Doppelseite 174/175

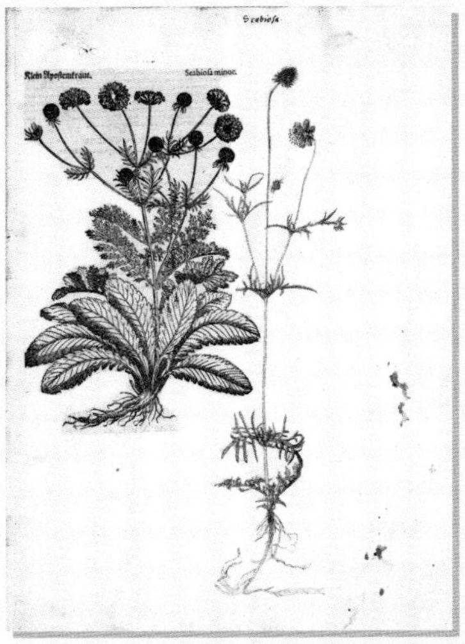

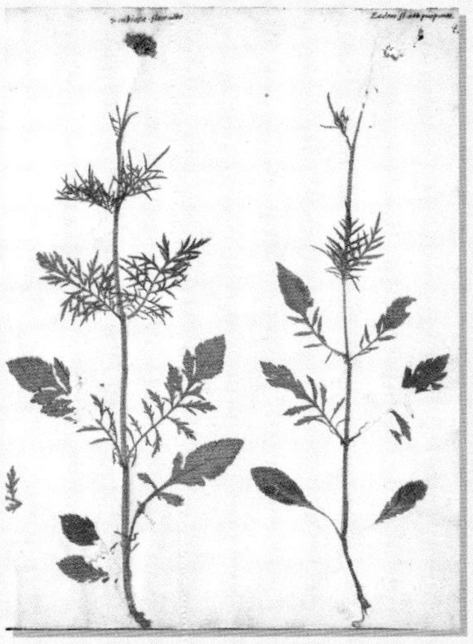

Die Tauben-Skabiose *(Scabiosa columbaria)* gehört zur Familie der Geißblattgewächse in der Ordnung der Kardengewächse. Sie ist ein Beispiel aus Platters Band 43 mit einem Teil der Korbblütler, Dickblatt-, Karden-, Eisenkraut- und einigen Hahnenfußgewächsen.
Links: Holzschnitt aus einer deutschen Ausgabe des Kräuterbuches von Pietro Andrea Mattioli 1558ff, dazugedruckt die Namen «Klein Apostemkraut»/*Scabiosa minor*, daneben ausgeschnitten und eingeklebt eine aquarellierte Federzeichnung von Hans Weiditz. Der Bogen wurde von Platter mit *Scabiosa* überschrieben.
Rechts: Gepresste Pflanze von Platter als *Scabiosa peregrina rubra* beschriftet. Es handelt sich also um eine rötliche Form der Tauben-Skabiose. Interessant ist die Ergänzung *ex semine* (aus Samen), Platter muss also die Art in seinem Garten gezogen haben.
Die Tauben-Skabiose ist über fast ganz Europa ohne den hohen Norden und den Süden verbreitet. Der deutsche Name stammt von den «taubenfarbenen», graublauen Blüten. Spezialisiert auf magere Wiesen und Weiden, ist die Art heute selten geworden.
(Signatur Burgerbibliothek: ES 70.6 S. 014, 015)

Doppelseite 176/177

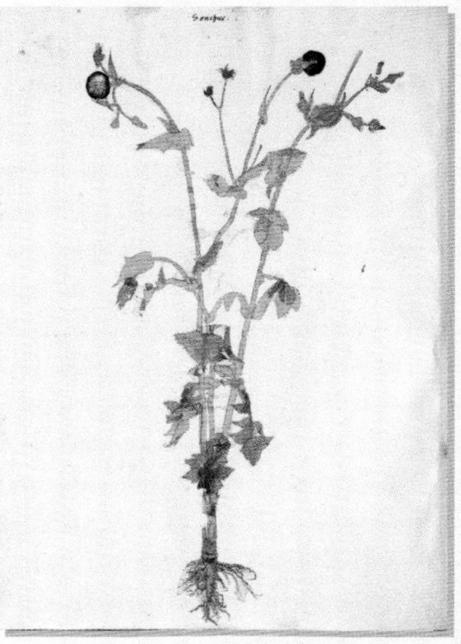

Die Gemüse-Gänsedistel *(Sonchus oleraceus)* ist ein Vertreter der Familie der Korbblütler. Sie ist ein Beispiel aus Platters Band 35, der außer den Fuchsschwanzgewächsen andere Arten mit unscheinbaren Blüten und einige Kreuz- und Korbblütler enthält.
Links: Aquarellierte Federzeichnung von Weiditz, von Platter mit *Sonchus* überschrieben. Damit die feinen weißen Samenhaare gut sichtbar sind, wurden diese schwarz hinterlegt.
Rechts: Gepresste Pflanze, von Platter als *Sonchus laevis/ Intybus sylvestris* bezeichnet.
Die Gemüse- oder Kohl-Gänsedistel stammt aus dem Mittelmeerraum und ist heute als Kulturbegleiter in gemäßigten Zonen weltweit verbreitet. Wie der Name erahnen lässt, kann die Pflanze roh oder gekocht gegessen werden und wurde im Mittelalter auch angebaut. Aus der griechischen Antike ist auch eine medizinische Wirkung, beispielsweise als Gegengift bei Skorpionstichen, überliefert.
(Signatur Burgerbibliothek: ES 70.4 S. 168, 181)

Doppelseite 178/179

Die Wendelähre *(Spiranthes)* und die Einorchis *(Herminium)* sind Vertreter der Orchideen aus der Klasse der Einkeimblättrigen (Lilienähnlichen). Sie sind Beispiele aus Platters Band 33 mit der Fortsetzung der Lilienähnlichen, mit den eigentlichen Lilien, den Narzissen, den Lauchgewächsen und den Orchideen.

Links: Der eingeklebte Holzschnitt, ein Probedruck von Leonhart Fuchs, wurde von Platters Halbbruder Thomas mit *Orchis angustifolia odorata*/«Wollschmeckend Knabenkraut Weiblin» beschriftet. Daneben die ausgeschnittene, aquarellierte Federzeichnung von Hans Weiditz. Die Seite wurde von Platter mit *Orchis odorata* beschriftet.

Rechts: Gepresste Pflanze von Platter mit *Orchis odorata/ Triorchis alba odorata oblonga radice* überschrieben. Platters Bestimmung der Art ist hier falsch, es handelt sich nämlich um die ähnliche Einorchis *(Herminium monorchis).*
Die zwei kleinen, verwechselten Orchideen wachsen beide in mageren Wiesen und haben einen langgezogenen Blütenstand mit kleinen Blüten. Die Herbst-Wendelähre *(Spiranthes spiralis)*, von Platter als *Orchis odorata* (wohlriechendes Knabenkraut) bezeichnet, unterscheidet sich von der Einorchis unter anderem durch diesen Duft und die spiralig angeordneten Blüten – auf den Illustrationen ist das gut zu erkennen.
(Signatur Burgerbibliothek: ES 70.2 S. 302, 303)

Doppelseite 180/181

Der Gewöhnliche Löwenzahn *(Taraxacum officinale)* ist ein typischer Vertreter der Korbblütler. Er ist ein Beispiel aus Platters Band 35, der außer den Fuchsschwanzgewächsen andere Arten mit unscheinbaren Blüten und auch einige Kreuz- und Korbblütler enthält.

Links: Kolorierter Holzschnitt aus der deutschen Auflage des Kräuterbuches von Fuchs von 1543, bezeichnet als «Rörlkraut».

Rechts: Gepresste Pflanze, überschrieben mit *Dens leonis vulgaris*.
Der Löwenzahn ist wohl in unseren Breiten die bekannteste Wiesenpflanze. Die Art, ursprünglich aus Westasien und Europa stammend, wurde durch den Menschen über die ganze Nordhalbkugel verbreitet. Neben der Verwendung als Futterpflanze kann junger Löwenzahn auch als Salat gegessen und aus den Blüten Sirup oder falscher Honig hergestellt werden. Wegen der Bitterstoffe war die Pflanze bereits zu Platters Zeit eine beliebte Heilpflanze.
(Signatur Burgerbibliothek: ES 70.4. S. 228, 229)

798
FOENOGRAECVM
Bockshorn.

Fænum Græcū

67.

Trigonella foenum graecum. Linn.

Verbena.

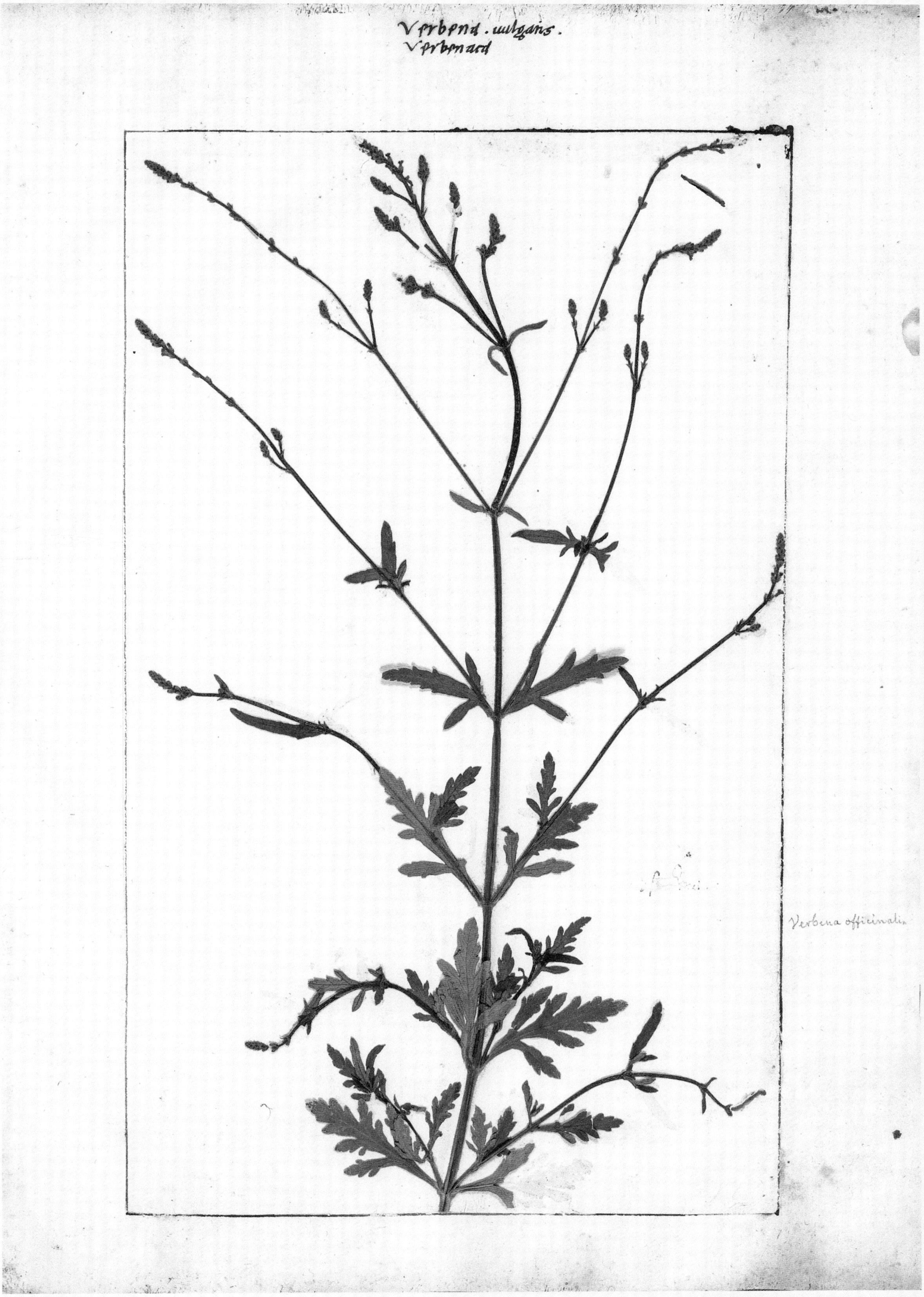
Verbena . vulgaris .
Verbenaca
Verbena officinalis

Anagallis aquatica

Anagallis aquatica maior fol. subrotundo. 4
33.
Veronica Becabunga. Linn.

TVRCICVM
FRVMENTVM.
Türckisch korn.

Panicū Indicū 4.
Milium Indicū.
Maizum. at Mais
357
89.
Zea Mays. Linn.

Doppelseite 184/185

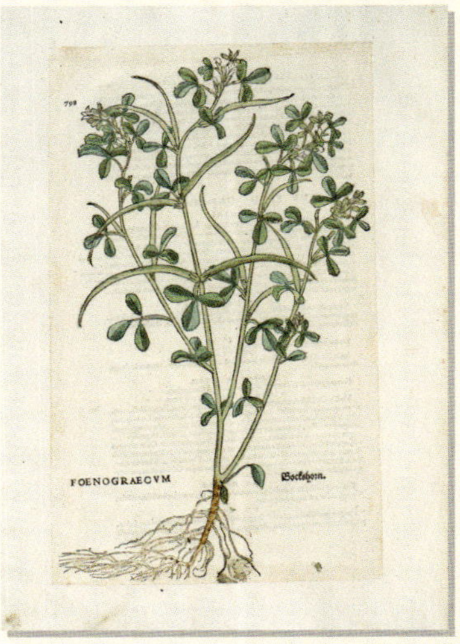

Der Bockshornklee *(Trigonella foenum-graecum)* gehört zur Unterfamilie der Schmetterlingsblütler der Familie der Hülsenfrüchtler. Er ist ein Beispiel aus Platters Band 48 mit vorwiegend Schmetterlingsblütlern und einigen Rötegewächsen.
Links: Kolorierter Holzschnitt aus der deutschsprachigen Ausgabe des Kräuterbuches von Leonhard Fuchs (1543), bezeichnet mit *Foenograecum* «Bockshorn».

Rechts: Gepresste Pflanze mit Früchten, die Seite von Platter beschriftet mit *Faenum Graecum.*
Der Bockshornklee ist eng verwandt mit dem Schabzigerklee *(Trigonelle caerulea)* und ist eine uralte Kulturpflanze. Er war ursprünglich in Nordafrika, in Südeuropa und über den Nahen Osten bis nach Indien, China und Australien verbreitet. Der deutsche Name bezieht sich auf die langen, zugespitzten Samenhülsen, die wie Ziegenhörner aussehen. Der bereits von Platter verwendete Name *Foenum Graecum* (Griechisches Heu) deutet auf eine Einfuhr aus dem Mittelmeerraum hin. Verwendet werden die Samen und die Blätter als Gewürz.
(Signatur Burgerbibliothek: ES 70.7 S. 266, 267)

Doppelseite 186/187

Das Echte Eisenkraut *(Verbena officinalis)* gehört zur Familie der Eisenkrautgewächse in der Gruppe der Asternähnlichen. Es ist ein Beispiel aus Platters Band 43 mit einem Teil der Korbblütler, Dickblatt-, Karden-, Eisenkraut- und einigen Hahnenfußgewächsen.
Links: Aquarellierte Federzeichnung von Hans Weiditz, zerschnitten und ergänzt, von Platter mit *Verbena* beschriftet.

Rechts: Gepresste Pflanze, auf kleinerem Papierbogen aufgezogen mit verblasster Bezeichnung. Die Buchseite wurde von Platter mit *Verbena vulgaris/Verbenaca* überschrieben.
Als Eisenkraut- oder Verveine-Tee wird die südamerikanische Zitronenverbene *(Aloysia citrodora)* verwendet. Das hier gezeigte, einheimische und nahe verwandte Echte Eisenkraut ist seit der Antike als Heilpflanze bekannt. Dieser Pflanze wurden sehr vielfältige Wirkungen zugeschrieben, sie soll Verletzungen von Eisenklingen (Name!) schnell heilen, aber auch jede Art von Unheil wie Gewitter und Hagel und sogar den Teufel abweisen.
(Signatur Burgerbibliothek: ES 70.6 S. 002, 003)

Doppelseite 188/189

Die Bachbunge *(Veronica beccabunga)* gehört zur Familie der Wegerichgewächse. Sie ist ein Beispiel aus Platters Band 42 mit den Raublattgewächsen, Korbblütlern und einigen Nelkengewächsen.

Links: Kolorierter Holzschnitt aus dem Kräuterbuch von Leonhart Fuchs von 1543; rechts: Aquarellierte Federzeichnung von Weiditz. Die Seite ist überschrieben mit *Anagallis aquatica*.

Rechts: Gepresste Pflanze, von Platter als *Anagallis aquatica maior folio subrotundo* beschriftet.

Die Bachbunge oder Bach-Ehrenpreis ist eine eurasiatisch verbreitete Sumpfpflanze. Meist ist sie halb untergetaucht an Bächen, in Gräben und an Seeufern zu finden. Sie bietet Lebensraum für Wasserlebewesen und wirkt sich günstig auf den Fischbestand aus. Platter schätzte die Vitamin C-reiche Pflanze als Gemüse und nutzte sie als blutreinigendes, harntreibendes Mittel und äußerlich zur Wundpflege.

(Signatur Burgerbibliothek: ES 70.5 S. 130, 131)

Doppelseite 190/191

Der Mais *(Zea mais)* ist ein Vertreter der Süßgräser, die zu den Einkeimblättrigen (Lilienähnlichen) gehören. Er ist ein Beispiel aus Platters Band 32 mit Süßgräsern (inkl. Getreiden) und anderen Lilienähnlichen.

Links: Kolorierter Holzschnitt aus der deutschen Ausgabe des Kräuterbuches von Leonhart Fuchs von 1543, gedruckt der Name *Turcicum Frumentum*/«Türckischkorn».

Rechts: Gepresste Pflanze mit Fruchtstand, von Platter als *Mais/Maizum/Milium Indicum/Panicum Indicum* beschriftet.

Die in Mittelamerika prähistorische Kulturpflanze wurde von Kolumbus nach Europa gebracht, die Ursorten konnten aber nur in klimatisch begünstigten Regionen angebaut werden. Erst Züchtungen haben die Art zur beliebten Nutzpflanze in fast ganz Europa gemacht. Platter hat wohl Mais nur als Kuriosität und nicht als Nahrungsmittel in seinem Garten gezogen. Die Bezeichnungen «Türckisch» oder «Indicum» wurden einfach im Sinne von «fremdländisch» verwendet.

(Signatur Burgerbibliothek ES 70.1 S. 356, 357).

LITERATUR ZU DEN HERBARSEITEN

Liste der Kräuterbücher, aus denen die von Platter gesammelten Illustrationen (meist Holzschnitte) stammen. Diese Werke wurden oft in verschiedenen Auflagen publiziert, z. T. auch lateinisch und zusätzlich in einer anderen Sprache, es sind deshalb unterschiedliche Erscheinungsjahre möglich.

ACOSTA 1578: Acosta, Christobal: Tractado de las drogas, y medicinas de las Indias orientales, Burgos 1578.

BOCK 1539 siehe Tragus 1539

BRUNFELSIUS 1530ff.: Brunfels, Otto: Herbarum vivae eicones. Strassburg 1530 / Novi herbarii tomus II. Strassburg 1531 / Tomus herbarii III. Strassburg 1536 / Contrafayt Kreuterbuch. Strassburg 1532 – und spätere Auflagen dieser Kräuterbücher.

CAMERARIUS 1588: Camerarius, Joachim: Hortus medicus et philosophicus: Icones accurate nunc primum delineatae praecipuarum stirpium, quarum descriptiones tam in horto quam in sylva Hercynia suis locis habentur. Frankfurt a. M. 1588.

CLUSIUS 1576ff.: Ecluse, Jules Charles de l': Rariorum aliquot stirpium, rariorum plantarum historia Caroli Clusii Atrebatis. Verschiedene Ausgaben und Auflagen.

DALECHAMPIUS 1586 / Daléchamps 1586: Daléchamps, Jacques: Historia generalis plantarum, in libros XVIII per certas classes artificiose digesta etc. 2 Bde. Leiden 1586. Da Leiden = Lugdunum, wird das Werk auch Lugdunensis genannt.

DODONAEUS 1554: Dodoens, Rembert: Cruydeboek in de welken die gheheele historie ... Antwerpen 1554 / Stirpium historiae pemptades sex ... Antwerpen 1583.

FUCHSIUS 1542: Fuchs, Leonhart: De Historia stirpium. Basel 1542 / New Kreuterbuch ... Basel 1543. Die Tafeln sind in beiden Werken fast gleich.

FUCHSIUS unpubliziert: Probedrucke der von Fuchs für eine Neuauflage seines Kräuterbuches in Auftrag gegebenen Holzschnitte (um 1550). Das Werk wurde nie publiziert (vgl. Rytz 1933, S. 60ff.)

GESNERUS 1586 / Mattioli 1586ff.: die nach Vorlagen von Conrad Gesner im Auftrag von Camerarius angefertigten Holzschnitte für die Neuauflage des Kräuterbuches von Mattioli ab 1586 (De plantis epitome utilissima ...).

LOBELIUS 1576ff. / L'Obel 1576ff.: L'Obel, Matthias de: Plantarum seu stirpium historia Matthiae de Lobel ... cui annexum est adversariorum volumen ... Antwerpen 1576. L'Obel hat das Werk zusammen mit Pierre Pena verfasst. Erstaunlicherweise unterscheidet Platter die Herkunft der Holzschnitte nach Pena und Lobel, ob es sich um zwei verschiedene Werke handelt, bleibt unklar.

L'OBEL 1581: L'Obel, Matthias de: Plantarum seu stirpium icones. Antwerpen 1581.

MATTIOLI 1558ff.: Mattioli, Pierandrea: Commentarii ... in libros sex ... Dioscoridis ... de materia medica ... Venedig 1558, 1559, 1560, 1565, 1569, 1570, 1583, 1596, 1598.

MATTIOLI 1586 siehe Gesnerus 1586

PENA 1570 / Pena/L'Obel 1570: Pena, Pierre: Stirpium adversaria nova. Perfacilis vestigatio, luculentaque accessio ad priscorum, praesertim Dioscoridis, et recentiorum materiam medicam. London 1570. Pena hat das Werk zusammen mit L'Obel verfasst, spätere Ausgaben ab 1576 erschienen unter dem Namen von L'Obel.

RAUWOLPHUS 1582/83 / Rauwolf 1582/83: Rauwolf, Leonhard: Aigentliche beschreibung der Raiss ... inn die Morgenländer ... alles in drey Theil. Lauingen 1582. Zweite, um einen 4. Tl. mit 42 Holzschnitten von Pflanzen vermehrte Ausgabe Lauingen 1583.

THEODORUS 1588–91 / Tabernaemontanus 1588–91: Tabernaemontanus, eigentlich Theodor, Jacob: Neuw Kreuterbuch mit schönen, künstlichen und leblichen Figuren. 2 Tle. Frankfurt a. M. 1588–91.

THEVET 1557: Thevet, André; Les singularitez de la France antarctique. Paris 1557. Beschreibung einer Reise nach Brasilien, auch Antwerpen 1558.

TRAGUS 1539 / Bock 1539: Bock, Hieronymus; Das Kreütter Buch ... Strassburg 1539 und zahlreiche spätere Auflagen.

Die Konservierung von Felix Platters Herbarium

Die Herbarbände von Felix Platter stellen für die Konservierung eine besondere Herausforderung dar. Zum einen gibt es ganz allgemein nur wenig Erfahrung mit der Konservierung so alter Herbarien, und zum anderen bringt die Tatsache, dass die Herbarbände gebunden sind, weitere Schwierigkeiten mit sich. Zudem gilt es, dem besonderen Stellenwert der Objekte Rechnung zu tragen und sie möglichst ohne große Eingriffe für die Zukunft zu erhalten.

DIE DIGITALISIERUNG

Die Tatsache, dass Platters Herbarium zu Büchern gebunden wurde, ist aus konservatorischer Sicht problematisch, weil beim Blättern die brüchigen Pflanzen besonders schnell beschädigt werden. Moderne Herbarien werden daher normalerweise nicht mehr zu Büchern gebunden, sondern bestehen aus Einzelbogen, was die Benutzung wesentlich vereinfacht und das Pflanzenmaterial schont. Die Möglichkeit, die einzelnen Herbarbogen aus Platters Bänden auszubinden und separat aufzubewahren, wurde dennoch nie ernsthaft in Erwägung gezogen, weil dies ein zu großer Eingriff wäre, der die Authentizität der historisch so aussagekräftigen Buchherbarien massiv beeinträchtigen würde. Denn gerade die originale Erscheinungsform erzählt ihre eigene Geschichte. Sie erzählt von der Ordnung und der Ästhetik, die der Ersteller des Herbariums bewusst so gewollt hat. Anstatt diese Ordnung zu zerstören, wurden daher die Möglichkeiten einer weniger invasiven Konservierungsmaßnahme ausgelotet. Schließlich entschieden sich die Verantwortlichen, auf die Digitalisierung des Herbariums zu setzen: Die Erstellung der digitalen Fotografien beschädigen das Original nicht und erlauben die Erforschung des Herbariums ohne Konsultation des Originals. Das digitalisierte Herbarium ist mittlerweile online frei zugänglich (http://www.burgerbib.ch/platter-herbarium), während das Original inzwischen sorgfältig konserviert wird. Dabei wird eine Minimalstrategie verfolgt: Restauriert wird so wenig wie möglich und so viel wie nötig. Die Restaurierung beschränkt sich daher auf die Sicherung von beschädigten Pflanzen, Papieren und Einbänden.

DIE SCHÄDEN UND DEREN RESTAURIERUNG

So vielfältig mögliche Schadensquellen für die Herbarbände auch sind: Für ihr Alter und ihre Fragilität sind sie insgesamt in einem guten Zustand. Die stärksten Beschädigungen sind in den Gelenkbereichen der Bände zu finden. Zudem sind die Verschlussbänder aus Seide, die vorne angebracht waren, oft zerrissen und ausgefranst. Diesen Schäden kann mit den üblichen Sicherungsmaßnahmen aus der Buchrestaurierung begegnet werden.

Buchherbarien aus anderen Epochen zeigen herstellungsbedingt weit größere Probleme als die Bände von

Bei diesem Einband ist das Gelenk ganz zerrissen.

Starke Verfärbung des Papiers durch ausgetretene Pflanzensäfte des Blasenampfers (Rumex versicarius).
(Signatur Burgerbibliothek: ES_70_4_015)

Platter: Wenn zuerst das Buch gebunden und anschließend die Pflanzen eingeklebt wurden, so führte dies gerne zu einer starken Wölbung mittig des Buchblocks und so zu einer kompletten Deformation des Buches. Da die Herbarbände von Felix Platter erst nach dem Aufbringen der Pflanzen und Abbildungen auf das Papier zu Büchern gebunden wurden, konnte dieses Problem erfolgreich verhindert werden. Da der Buchblockrücken weder abgeleimt noch hinterklebt wurde, lassen sie sich verhältnismäßig gut öffnen und blättern.

Platter verwendete für seine Herbarbände Papier von Basler Papierfabrikanten (Düring, Heusler, Dürr, Thurneysen), wie die Untersuchung der Wasserzeichen ergab. Zu Platters Zeiten wurde das Papier aus alten Lumpen gefertigt, was ein langlebiges Papier ergab, welches dem Zerfall lange standhält. Es ist auch heute noch erfreulich stabil und hell. Ganz anders ist dies bei Papieren, welche nach 1850 angefertigt wurden. Damals führte man die Verwendung von Holz zur Papierherstellung ein. Durch den neuen Rohstoff und einer anderen Art der Leimung ist dieses Papier nicht so alterungsbeständig, sondern wird braun und brüchig. So kommt es, dass manche Bücher von 1900 heute materialbedingt kaum mehr benutzt werden können, während ältere Bücher – wie zum Beispiel die Herbarbände Platters – trotz ihres wesentlich höheren Alters noch immer sehr gut erhalten sind.

Die bei Platters Herbarium zu beobachtenden Schäden sind vereinzelt Risse und Fehlstellen. Diese können mit den üblichen Methoden der Papierrestaurierung geschlossen werden. Mancherorts zeigt das Papier auch Verfärbungen durch die Pflanzensäfte des Herbarmaterials.

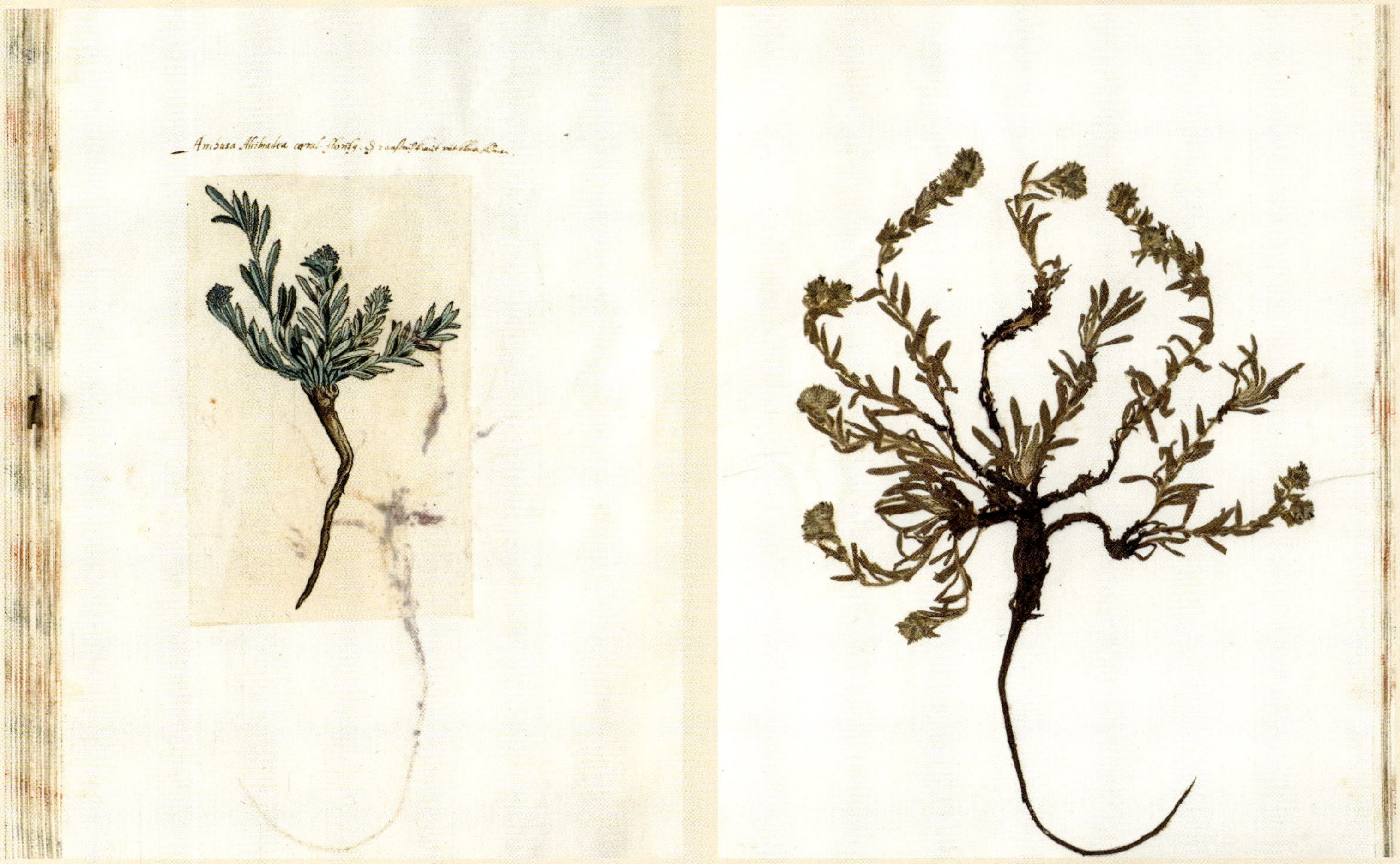

Die Wurzel der Färbe-Alkanna (Alkanna tinctoria) *wurde für die Gewinnung des roten Farbstoffs Alkannin kultiviert. Diesen nutzte man für das Färben von Salben und alkoholischen Getränken. Im Herbarium von Felix Platter hat die Wurzel die gegenüberliegende Seite gefärbt. (Signatur Burgerbibliothek: ES_70_5_182 (links) und ES_70_5_183 (rechts))*

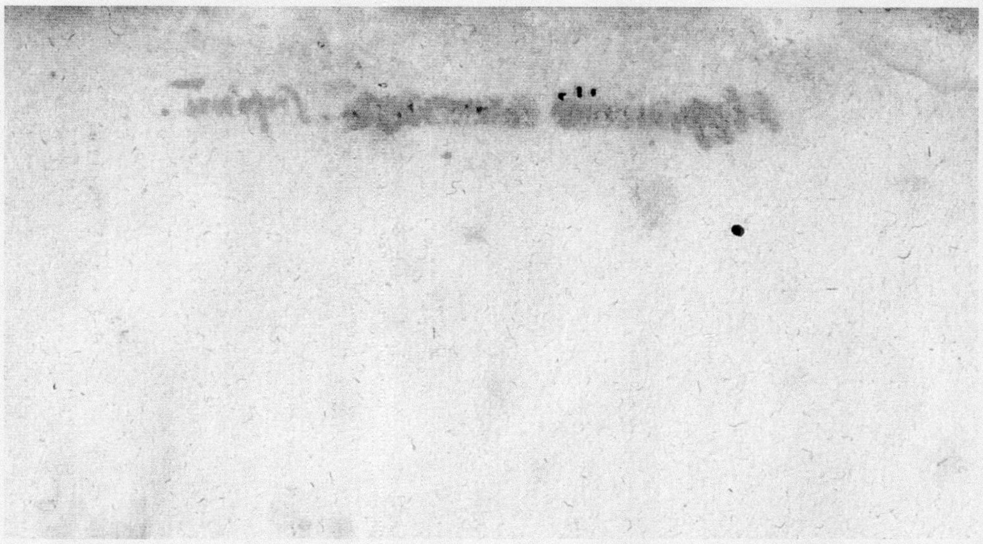

Hier sieht man deutlich die Hofbildung um einen Teil der Beschriftung einer Pflanze. Die Tinte ist auch auf die Rückseite durchgeschlagen. (Signatur Burgerbibliothek: ES_70_6_187 (oben) und ES_70_6_188 (unten))

Da für die Beschriftung der Pflanzen eine Eisengallustinte verwendet wurde, zeigen sich Ansätze eines in diesem Zusammenhang bekannten Schadenphänomens: der Tintenfraß. Durch reaktive Bestandteile in der Tinte kann die Papierstruktur so geschädigt werden, dass das Papier an den beschrifteten Stellen durchbricht. So weit ist es bei Platters Herbarbänden jedoch bis jetzt nicht gekommen. Es zeigen sich lediglich eine Hofbildung um einige Buchstaben sowie ein Durchschlagen auf die Rückseite. Für den Erhalt der Herbarbände ist es wichtig, den Zerfallsprozess zu verlangsamen. Entscheidend ist dafür in erster Linie das Raumklima: Es darf keinesfalls zu feucht sein, weil Feuchtigkeit die schädliche Reaktion der Eisengallustinte beschleunigt.

Die Abbildungen in den Herbarbänden sind generell in gutem Zustand. Einzig Fuchs' Probedrucke fallen durch ihr fleckig verbräuntes Papier auf.

Walther Rytz, der Platters Herbarium 1930 auf dem Dachboden des damaligen Botanischen Instituts der Universität Bern wiederentdeckte, hat bei seinen Untersuchungen etliche Abbildungen von Hans Weiditz, die Platter neben den herbarisierten Pflanzen eingeklebt hat, aus den Bänden herausgelöst. Diese werden heute separat in der Burgerbibliothek Bern aufbewahrt. Die durch Rytz aus den Herbarien entfernten Abbildungen wurden nicht wieder in die Herbarien eingeklebt, obwohl dies technisch kein größeres Problem wäre. Der vorgefundene Zustand gehört zur Geschichte der Herbarien und soll so erhalten bleiben.

Das Papier dieses Probedrucks einer Kichererbsendarstellung (CICER ARIETINUM) ***ist stark fleckig.***
(Signatur Burgerbibliothek: ES_70_7_186)

Der Teufelsabbiss (SUCCISA PRATENSIS) ***hat bereits ein Blatt und zwei Zweige verloren. Ein Blatt ist nur noch knapp fixiert.***
(Signatur Burgerbibliothek: ES_70_6_091)

Der Zustand der getrockneten Pflanzen in den Herbarbänden ist grundsätzlich gut. Es zeigen sich jedoch unterschiedliche Beschädigungen, die auch bei anderen Herbarien häufig zu beobachten sind. Die getrockneten Pflanzen weisen vor allem Schäden auf, die durch die Benutzung verursacht wurden; dazu gehören abgebrochene und lose Blätter und Zweige sowie Pflanzenmaterial, welches sich ablöste und nun im Falz des Buches liegt.

Das Blatt des indischen Blumenrohrs (CANNA INDICA) *hat sich abgelöst.*
(Signatur Burgerbibliothek: ES_70_1_291)

Ein Zweig des Soda-Salzkrauts (SALSOLA KALI) *ist abgeknickt.*
(Signatur Burgerbibliothek: ES_70_6_347)

Auch die Montagetechnik der Pflanzen hat Auswirkungen auf deren Zustand. Sie wurden von Felix Platter ganzflächig mit Leim bestrichen und anschließend aufgeklebt. Heute befestigt man getrocknete Pflanzen hingegen eher durch Klebung an einzelnen Punkten, mit Papierstreifen oder mit Fäden auf ihrem Träger. Wird die Pflanze ganzflächig mit Leim bestrichen und dadurch feucht, dehnt sie sich aus. Beim anschließenden Trocknen im aufgeklebten Zustand schrumpft sie dann wieder auf ihre ursprüngliche Größe zurück. Weil sie mittlerweile aber verklebt ist, kann dieser Prozess nur noch unvollständig geschehen; die Folge sind Schwundrisse in den Pflanzenblättern.

Ein ähnliches Problem ist zu beobachten, wenn die Herbarbände wechselnden klimatischen Bedingungen ausgesetzt sind, da Papier und getrocknete Pflanzen bei sich ändernden Temperaturen und Luftfeuchtigkeiten ein unterschiedliches Dehnungs- und Schrumpfungsverhalten aufweisen. Beim Papier kann dies zu Verwerfungen und bei der Pflanze zu weiteren Schwundrissen kommen, die schlimmstenfalls dazu führen, dass sich die Pflanze oder Teile davon vom Herbarbogen ablöst.

Die Schwundrisse an den Blättern dieser Senfpflanze (Sinapis arvensis) ***sind sehr stark. Etliche Teile der Blätter sind lose oder bereits abgefallen.***
(Signatur Burgerbibliothek: ES_70_3_015)

DIE LAGERUNG

Die Herbarbände lagern liegend und einzeln in alterungsbeständigen Schachteln. Licht, Schadgase und andere äußere Einflüsse wie Staub erreichen die Objekte nicht. Das Klima im Depot der Burgerbibliothek Bern ist stabil und für den Materialverbund von Pergamenteinband, Papier und Pflanzenmaterial weder zu feucht noch zu trocken. Heute wird auch dem Befall möglicher Schädlinge effizient vorgebeugt. Schädlinge haben Platters Herbarium aber bereits für sich entdeckt, bevor es einer professionellen Konservierung unterzogen worden ist.

SCHÄDLINGE, BIOZIDE

Herbarien mit ihren verschiedenen Pflanzen, den Klebstoffen und dem Papier stellen eine attraktive Nahrungsquelle für verschiedenste Schädlinge dar. Das gilt auch für Platters Herbarium, welches partiell Schimmelbefall aufweist. Dieser Befall geht vermutlich auf die Entstehungszeit der Herbarbände zurück, da Schimmel vorwiegend an jenen Pflanzenteilen auftritt, die dicker sind und daher mehr Zeit zur vollständigen Trocknung benötigen als die dünnen Pflanzenteile. Es verwundert daher auch nicht, dass auch die Wasserpflanzen in Platters Herbarium von Schimmel befallen sind, da auch sie offensichtlich lange Trocknungszeit beanspruchen.

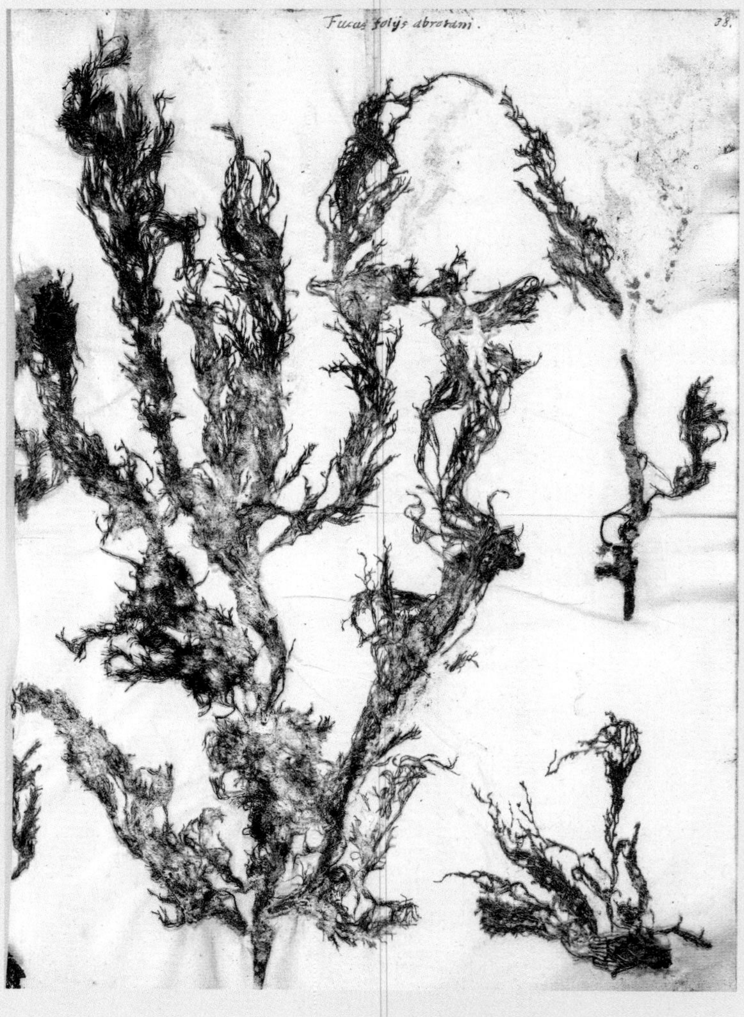

Hier hat sich auf und um diesen Seetang (Fucus *sp.)* ***weißer Schimmelpilz gebildet. Das Papier ist stark gewellt, weil es sich beim Abtrocknen der Pflanze unregelmäßig zusammengezogen hat.***
(Signatur Burgerbibliothek: ES_70_8_151)

Die Blüte des Behaarten Johanniskrauts (Hypericum hirsutum) *war wohl besonders schmackhaft – mit allem, was darunter lag! (Signatur Burgerbibliothek: ES_70_6_191)*

Auch wenn der Befall inaktiv ist, muss ihm erhöhte Aufmerksamkeit geschenkt werden: Die Pilzsporen sind auch im abgestorbenen Zustand für die Gesundheit des Menschen problematisch und bei erhöhter Luftfeuchtigkeit ist ein erneut wachsender Befall in diesen Bereichen wahrscheinlich. Aus diesem Grund werden die Herbarien trocken gereinigt, um Verschmutzungen und insbesondere den Schimmelpilz zu entfernen.

Die dunkle, ruhige Lagerung von Sammlungen begünstigt das Auftreten von Fraß-Schädlingen wie verschiedenen Käferarten und deren Larven. In den Bänden von Platters Herbarium sind denn auch Fraßspuren festzustellen. Besonders beliebt waren bei den Schädlingen offenbar nur bestimmte Pflanzenteile, insbesondere die Blüten. Meist wurde dabei auch gleich das darunterliegende Papier mitgefressen. Aktuell besteht keine Bedrohung für die Herbarien durch Schädlinge: Die Sammlung wird mittels Klebefallen und allgemeinen Beobachtungen regelmäßig auf einen aktiven Befall kontrolliert. Sollte entgegen aller Wahrscheinlichkeit doch ein Befall auftreten, wird dieser daher mit Sicherheit rasch erkannt. In botanischen Sammlungen ist es heute üblich, die Schädlinge durch Einfrieren der befallenen Objekte abzutöten. Dafür sind die Herbarbände von Felix Platter jedoch zu heikel, die verschiedenen vorhandenen Materialien könnten dabei Schaden nehmen. Im Falle eines Schädlingsbefalls müsste Platters Herbarium daher durch eine andere Methode behandelt werden. Geeignet wäre etwa die Behandlung mittels Sauerstoffentzug. Diese geschieht, indem die betroffenen Objekte für eine bestimmte Zeit in einem Behältnis oder einem Raum ohne Sauerstoff gelagert werden, bis die Schädlinge mit Sicherheit abgetötet worden sind.

Bis in die jüngste Vergangenheit wurde Schädlingsbefall, insbesondere in botanischen und anderen naturwissenschaftlichen Sammlungen, auch gerne durch den Einsatz verschiedener Biozide (Pestizide, Fungizide, etc.) behandelt. Oft handelte es sich dabei um gesundheits- und umweltgefährdende Stoffe. Die zum Teil in den Objekten aus diesen Behandlungen zurückbleibenden Chemikalien stellen auch heute noch eine Gefahrenquelle für die Nutzer und Nutzerinnen der behandelten Objekte dar. Daher findet man heute in botanischen Sammlungen nicht selten Stempel mit der Inschrift «vergiftet». Oft steht da auch «sublimatisiert», was auf eine Behandlung mit Quecksilber hinweist. Neben den erwähnten Stempeln – die durchaus nicht immer auf den Objekten angebracht sind – gibt es weitere Hinweise, die auf chemische Behandlungen hinweisen. Dunkle Flecken können ein Indiz für Quecksilberchlorid sein und kristallartige Ausblühungen und Ablagerungen können auf chlorhaltige Biozide oder Naphtalen hinweisen. Schließlich lassen sich die in den Objekten verbleibenden Biozide auch instrumentell analysieren. Es empfiehlt sich, in allen botanischen Sammlungen Aufklärung zu leisten und Möglichkeiten zum Schutz der Benutzer und Benutzerinnen bereitzustellen. Dazu gehören insbesondere geeignete Schutzmaßnahmen für Haut und Atemwege.

Früher verwendete man Biozide sowohl bei einem akuten Befall durch Schädlinge als auch präventiv. Für botanische Sammlungen wurden ab dem 18. Jahrhundert verschiedene mineralische Biozide eingesetzt, beispielsweise arsenhaltige Mittel oder das bereits erwähnte Quecksilberchlorid. Zur Prävention eines Schädlingsbefalls tauchte man die Pflanze vor dem Aufkleben in eine Quecksilberchloridlösung, bestrich die Herbarbelege damit oder versetzte den Klebstoff mit Quecksilber. Zuweilen stellte man auch Behälter mit Quecksilber als Begasungsquelle in die Schachteln mit Herbarbelegen. Nachdem klar wurde, wie gefährlich diese Methoden sind, wurden sie im 20. Jahrhundert vor allem durch Neuentwicklungen aus der organischen Chemie ersetzt. Einige davon wurden als wahre Wundermittel gehandelt, insbesondere die für die Gesundheit problematischen chlororganischen Verbindungen wie Lindan oder DDT (Dichlordiphenyltrichlorethan). Da DDT-haltige Produkte vor einigen Jahrzehnten auch am Institut für Pflanzenwissenschaften der Universität Bern verwendet wurden und Platters Herbarium lange Jahre dort gelagert worden ist, hat man Letztere vorsichtshalber auf DDT-Rückstände untersuchen lassen. Glücklicherweise ergab die chemische Analyse, dass Platters Herbarium nie damit behandelt worden ist.

QUELLEN

BÄRTELS, Andreas (1997): Farbatlas Mediterrane Pflanzen. Stuttgart: Verlag Eugen Ulmer

DAUWALDER, Lea (2012): Das Herbarium des Felix Platter – die Erhaltung eines historischen Buch-Herbariums. Masterthesis. Hochschule der Künste, Bern

HAWKS, Catherine (2001): Historical Survey of the Sources of Contamination of Ethnographic Materials in Museum Collections. In: *Collection Forum*. Vol 16, No. 1–2. S. 2–11

POOL, Marilen; ODEGAARD, Nancy; HUBER, Melissa J. (2005): Identifying the Pesticides: Pesticide Names, Classification, and Historiy of Use. In: *Old poisons, new problems – A museum, recource for managing contaminated cultural materials*. Walnut Creek: AltaMira Press, S. 5–33

RYTZ, Walther (1933): Das Herbarium Felix Platters – ein Beitrag zur Geschichte der Botanik des XVI. Jahrhunderts. Separatabdruck aus der Naturforschenden Gesellschaft in Basel, Band XLIV, 1. Teil. Basel: E. Birkhäuser

DANK

Allen, die an diesem Buch mitgearbeitet haben, sei bester Dank ausgesprochen.

Ein großer Teil der Informationen basiert auf der Masterthesis von Lea Dauwalder über Felix Platters Herbarium, zahlreiche Personen haben dabei mitgeholfen, ihrer Unterstützung gilt an dieser Stelle herzlicher Dank.

Viel Text- und Bildmaterial wurde bereits 2014 für die Ausstellung zum Platter-Jubiläum im Botanischen Garten Bern in Zusammenarbeit mit der Burgerbibliothek zusammengetragen. Allen damals Beteiligten, insbesondere Beat Fischer und dem Team des Botanischen Gartens, soll hier gedankt werden.

Florike Egmond, die zwei verschollene Platter-Bände 2012 in Amsterdam entdeckte, danken wir herzlich für die wertvollen Zusatzinformationen.

BILDNACHWEIS

Alte Nationalgalerie Berlin (gemeinfrei): S. 36 rechts
BIU Santé: S. 22 rechts
BPU Neuchâtel: S. 20
Burgerbibliothek Bern: S. 9, 23, 36 links, 39 beide, 40 links, 41, 42–51, 53–193, 196–203
Dauwalder, Lea: S. 25 oben, 40 rechts
e-rara: S. 27 rechts
Lehmann, Hans: Die gute alte Zeit. Bilder aus dem Leben unserer Vorväter, 1904: S. 12
Naturmuseum Luzern: S. 25
Österreichische Nationalbibliothek (gemeinfrei): S. 29
Regierungsrat des Kantons Basel Stadt (Hrsg.): Denkschrift an die vor 2000 Jahren erfolge Gründung der Colonia Raurica. Basel 44 v. Chr.–1957 n. Chr., 1957: S. 15 oben, 16, 28 rechts
Staatsarchiv des Kantons Bern: S. 38 rechts
Universiteit van Amsterdam; Bijzondere Collecties: S. 28 links
Wikipedia (gemeinfrei): S. 11, 14 links und rechts, 15 unten, 17, 18, 19 alle, 21 oben und unten, 22 links, 24, 27 links, 30 oben und unten, 32 oben und unten, 33, 34 beide, 35, 37, 38 links

REGISTER